CONCISE QUANTUM MECHANICS

简明量子力学

吴 飙 ◎ 著

北京大学出版社
PEKING UNIVERSITY PRESS

图书在版编目 (CIP) 数据

简明量子力学 / 吴飙著 . — 北京：北京大学出版社，2020. 4
ISBN 978-7-301-31289-6

Ⅰ.①简… Ⅱ.①吴… Ⅲ.①量子力学－高等学校－教材
Ⅳ. ① O413. 1

中国版本图书馆 CIP 数据核字 (2020) 第 039885 号

书　　　　名	简明量子力学	
	JIANMING LIANGZI LIXUE	
著作责任者	吴飙　著	
责 任 编 辑	刘啸	
标 准 书 号	ISBN 978-7-301-31289-6	
出 版 发 行	北京大学出版社	
地　　　　址	北京市海淀区成府路 205 号　　100871	
网　　　　址	http://www.pup.cn	
电 子 信 箱	zpup@pup.cn	
新 浪 微 博	@ 北京大学出版社	
电　　　　话	邮购部 010-62752015　发行部 010-62750672　编辑部 010-62754271	
印 刷 者	天津中印联印务有限公司	
经 销 者	新华书店	
	730 毫米 ×980 毫米　16 开本　14. 75 印张　187 千字	
	2020 年 4 月第 1 版　2023 年 4 月第 3 次印刷	
定　　　　价	46. 00 元	

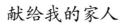

献给我的家人

前　　言

量子力学诞生于 20 世纪之初，是科学史上最深刻的革命之一. 它颠覆了经典物理中许多基本观念，为我们描绘了原子、分子以及更小的基本粒子的神奇行为，而且它带来的技术革命已经并将继续深刻改变人类社会的方方面面. 尽管它是如此重要，但很长一段时间内，量子力学只被物理学家、少数哲学家和相关人士关心. 最近，随着量子信息技术的发展，量子力学越来越受到大众的关注.

本书试图向大众通俗而又严肃地介绍量子力学. 通俗是指向尽可能多的人讲述和展示量子力学的美妙和神奇；严肃则意味着用数学来描述量子力学中最深刻的结果，而不只是文字叙述. 为了平衡这两点，我假定读者都熟悉高中数学知识. 对于任何超越高中水平的数学，比如矩阵、线性空间等，我将按照需要多少讲解多少的方式介绍，适可而止，不过分深入. 这些超越高中水平的数学也不难，只要读者有毅力和耐心去做些简单的练习，就很快会熟悉和掌握. 没有练习就没有理解.

1900 年，普朗克揭开了量子物理的第一层神秘面纱. 而量子力学的基本框架完成于 1926 年，那年薛定谔写下了他不朽的方程. 在这大约四分之一世纪里，伟大的量子先驱们用他们卓越的智慧、非凡的想象和不懈的努力将人类带入了神奇的量子世界，并酝酿了一场翻天覆地的技术革命.

本书将先简短讲述量子力学的发展历史，介绍量子先驱们和他们的传奇事迹. 然后本书将介绍那个神奇的量子世界：生活在希尔伯特空间的量子态、量子全同性、线性叠加、海森堡不确定性关系、量子纠缠、贝尔不等式、量子能级、薛定谔猫和多世界理论等. 为了和经典物理比较，本书将在介绍量子力学之前介绍经典力学. 在最后, 本书将简要介绍量子计算和量子通信.

除了普通读者, 本书对于物理专业的学生也会很有帮助. 一些物理系的学生经常迷失于求解薛定谔方程之中: 掌握了很多数学公式, 却没有很好地领会量子力学的基本要义. 另外, 传统的量子力学教科书不讲授量子纠缠和量子信息, 本书对它们的介绍正好弥补了这个缺陷.

本书的第一、二、三章可以选读. 不熟悉复数和线性代数的读者, 一定要仔细阅读第四章, 数学好的读者也最好快速过一遍第四章, 主要是熟悉狄拉克符号. 第五、六、七章是必读部分, 是阅读后续章节的基础. 第六章和第七章的阅读次序可以随意. 第八、九、十章最好按次序阅读. 本书没有特意安排习题, 但书中时常出现的 "有兴趣的读者 ......" 是在建议读者重复类似的推导或进行简单的证明.

本书所有手工插图由孙兆程绘制, 韩子朔提供了部分插图①.

我是 2018 年 1 月 13 日开始撰写本书的, 大致在 2018 年 8 月底完成了初稿. 在这期间, 由于第一章和第二章几乎不涉及数学, 在朋友间有小范围传播, 他们给我提了很多很好的意见, 并指出了很多错误. 他们是陈澍、周正威、姜颖、左明慧、陈学斌、刘禾、何洪波、刘洪强、陈伟、杨爱玲等. 在书稿即将交付出版社之际, 刘洪强、罗小兵、姜颖、郭秋怡又仔细阅读了全部书稿, 提出了很多非常细致的修改意见.

在我最初的构想里是没有第一章的. 有一天, 兰梅女士问我 "什么是量子", 并让我给出最简短的回答. 第一章就是我对这个问题 "最简短" 的回答.

我的老师, 北京师范大学的裴寿镛教授, 细致阅读了我非常马虎的初稿, 给我提了很多宝贵意见并给了我非常大的鼓励.

---

① 它们包括图 2.3, 图 2.8, 图 2.15, 图 3.1, 图 3.2, 图 6.2, 图 6.3, 图 6.4, 图 8.1.

　　本书最初是我在北京大学讲授量子力学公共选修课的讲义，学生主要是非物理专业的学生，包括不少文科的学生. 他们在教学过程中提出的问题和建议对本书的撰写和修改帮助非常大. 还有很多同学帮我纠正了讲义中的小错误. 他们是李昊、张艺、虢中奇、李维康、董晨阳、黄伟淇、谢中林、刘鑫辰、刘家成、谭舒眉、董婧文等. 如有遗漏，请见谅. 另外，李润珩和董婧文在教学过程中提供了帮助.

　　张云开帮助设计了封面的主题.

　　在此向所有帮助过我的老师、同事、朋友和学生们致以深深的谢意!

　　北京大学出版社的刘啸编辑仔细审阅了本书，在此表示感谢.

吴飙

北京成府路 209 号

目　　录

第一章　什么是量子?

什么是椅子? 一种简短的回答是椅子是有靠背的凳子. 这个回答介绍了椅子的功能: 可以让你坐下来. 同时又指出了椅子和凳子的区别: 椅子有靠背, 坐上去更舒服些. 对于刚认字的小孩或正在学中文的国际友人, 这样的回答就够了. 那些对椅子有浓厚兴趣的人, 可以去查阅更多的资料, 比如一本专门介绍椅子的书, 在那里了解椅子的历史、各种不同椅子的文化根源等等.

什么是量子? 量子的英文是 "quantum", 源自拉丁文 "quantus", 原意是 "多少". 量子现在是一个物理专业名词, 它是场的最小激发. 比如, 电磁场的最小激发是光子, 即电磁场的量子是光子. 所有的基本粒子都是某个场的量子 (最小激发). 除了光子, 这些量子 (最小激发) 还包括电子、夸克、中微子、胶子等. 质子不是量子, 因为质子是由夸克构成的复合粒子. 同理, 氢原子不是量子. 普朗克在 1900 年最早发现了这个自然界的基本规律, 他发现光的能量必须按照一个最小的单位均匀地分成一份一份的.

这是我能给的最简短的回答, 比关于椅子的回答长了很多. 更严重的是, 如果你对物理比较生疏, 读完以后可能依然是一头雾水, 脑子会出现更多的问题: 什么是场? 激发是什么? 等等. 为了回答这些新问题, 我不得不使用一些新的物理名词, 于是你又会有新问题, 我则继续引入更多的物理名词. 如此反复, 最后我发现必须写一本书才能回答什么是量子. 在强烈的好奇心驱动下, 你开始期待我将要写的书, 或者着急地开始看其他介绍量子力学的书. 很快你会发现, 这比读一本专门介绍椅子的书难多了: 你必须学一些新数学, 比如矩阵的知识, 还要做一些练习. 就像读一本微积分方面的书, 如果你不动笔算几个微分积分, 是不可能真正读懂那本书, 了解什么是微积分的. 一段时间以后，非常有可能你遇到的困难开始和你的好奇心竞争. 我希望你的好奇心会赢得胜利，你会坚持把书读完.

我在本章采取一个折中方案，用一段不涉及数学的文字来介绍量子力学. 我希望读者读完以后对量子力学有个大致的了解，同时能清楚地知道什么"不是"量子，从而能分辨日常生活中碰到的各种"量子"招牌的虚实.

普朗克 1900 年的发现是划时代的，他不经意间推开了量子世界的大门，因此被尊称为量子之父. 后来许多伟大的物理学家，包括爱因斯坦、玻尔、德布罗意、海森堡、狄拉克、费米、薛定谔，在实验的启发下继续沿着普朗克开创的道路探索，最后在 1926 年创立了一个完整的新的物理理论框架 —— 量子力学（quantum mechanics）.

人们现在习惯性用"量子"来命名和界定任何与量子力学相关的概念、学科、技术和器件等. 举几个例子：为了和信息熵等区别，物理学家把在量子力学的理论框架里定义的熵称作量子熵. 量子化学是化学的一个分支，在这里化学家们试图利用量子力学的理论去理解原子、分子的光谱，分子中键的形成等. 量子点是物理学家在实验室里加工出来的几个纳米大小的器件，电子由于被限制在一个很小的空间里运动，从而具有分立的量子能态，必须用量子力学才能理解.

量子力学是一场科学上的革命，几乎颠覆了以牛顿力学为代表的经典物理的所有观念. 在我看来，这个革命比相对论更深刻、更具冲击力. 这主要体现在如下六个方面.

(1) 量子性.

量子是物理中各种基本场的最小单位激发. 激发是个物理名词，指的是通过输入一些能量来扰动一个物理系统，比如搅动一盆完全静止的水. 日常的经验告诉我们，原则上我们只要足够小心，搅动可以连续地从零一直渐渐增大，整盆水则会从有轻微的波纹逐渐变得水花四溅. 也就是说, 在经典物理里, 激发是可以任意小的. 但量子力学告诉我们, 对于自然界的各种基本场, 比如电磁场, 这是不可能的, 激发必须大于一个最小的单位, 即量子. 这是最早发现的一个量子力学的基本特征, 和经典物理有着根本的不同. 量子力学也因此而得名.

(2) 海森堡不确定性原理.

当你坐在沙发上看世界杯时, 你的位置是确定的, 你的速度也是确定的——零. 你的导航器会告诉你在什么地方应该右转, 同时也会提醒你已经超速了. 这些日常经验告诉我们: 一个物体可以同时具有确定的位置和速度. 这和牛顿力学完全吻合. 在牛顿力学里, 一个粒子不但可以同时有确定的位置和速度, 而且必须同时有, 不然我们都无法确定一个粒子的运动状态. 在量子力学里, 事情变得非常不一样. 海森堡不确定性原理告诉我们, 一个粒子不可能同时具有确定的位置和速度: 如果一个粒子的位置是确定的, 它的速度就完全不确定; 反之亦然. 我们在日常生活中感受不到海森堡不确定性原理的效应, 原因是我们平时对位置和速度的测量在原子尺度上还非常不精确.

由于海森堡不确定性原理, 一个原子在绝对零度 (自然允许的最低温度) 时也不会被完全 "冻" 住. 如果原子完全 "冻" 住不动了, 那它的位置就确定了, 速度是零所以也是确定的. 这违反海森堡不确定性原理, 因此世界上没有完全静止的原子, 即使在绝对零度, 原子也会振动. 物理学家把这种振动叫作零点振动. 氦原子的零点振动尤其显著, 以至于理论上, 氦在绝对零度仍然处于液体状态. 在绝对零度时, 只有氦还能处于液态, 所有其他物质都会变成固态. 由于这个原因, 液氦成为所有极低温制冷机的必需工作物质.

(3) 态叠加原理.

在经典物理描述的世界里, 任何一个物体在任何时刻都有确定的位置. 这和我们日常的经验非常符合：你在上班就不可能在家里休息；若警察拿出监控录像证实你在犯罪现场，没人会相信你那个时候在家里睡觉.

但在量子世界，即量子力学描述的世界里，一个物体可以同时处于两个不同的地点或具有不同的速度. 比如氢原子中的电子可以同时处于质子的左边和右边，还可以同时绕着质子顺时针转和逆时针转. 薛定谔猫则是对这个神奇而古怪的量子现象的戏剧性描述：一只猫可以同时是活的和死的. 类似地，一盆水可以同时是冷的和热的，太阳可以同时在东方升起和西方落下. 这些情况你当然从来没有碰到过. 但根据量子力学，这些现象原则上都可以发生. 至于这些神奇的量子现象为什么只出现在微观世界而在日常生活中看不到，物理学家还在探索中.

(4) 量子随机性.

假设有一个粒子，它处于一个位置的叠加态，即它同时处于 A 点和 B 点. 现在我们对它的位置进行测量，以确认它到底位于何处. 量子力学告诉我们测量结果是随机的：可能是 A 也可能是 B. 但这种随机性和日常生活中遇到的随机现象有根本的不同.

日常生活中的随机现象来自我们的无知：一个箱子里有红白两种球. 如果箱子是透明的，你能准确地拿到你想要的红球；如果箱子不透明，你想拿到你喜欢的红球只能希望得到幸运女神的眷顾. 在量子力学里，测量结果的随机性是内在的，源自上面提到的态叠加原理. 如果箱子里的那些球是量子的，处于红色和白色的叠加态，那么即使那个箱子是透明的，你也无法保证每次都能拿到红球.

(5) 量子全同性.

在日常的宏观世界里，相同其实是个近似的概念. 当我们认为两个物体相同时，其实是在说对于我们关心的性质，这两个物体没有区别，但只要观察足够仔细，我们还是能区别它们的. 比如两枚一元的硬币，如果我们只是用它们买东西，即使一新一旧，我们也认为它们没有区别. 但如果我们一定要区分，那么即使两枚硬币都是崭新的，也能找出办法来区别它们，比如用显微镜. 我们一般无法区分同卵双胞胎，但他们的父母总是能区分，因为父母观察得更仔细.

在量子力学里，相同是绝对的. 两个电子是相同的，你不可能用任何方法把它们区分开；两个光子是相同的，你不可能用任何方法把它们区分开. 为了强调这种绝对的相同，在量子力学里，我们称电子是全同的，光子是全同的. 这种量子的全同性会体现在统计概率里. 我们举个例子. 两枚普通的硬币有四种可能状态：两枚都朝上、两枚都朝下、硬币 1 朝上硬币 2 朝下、硬币 1 朝下硬币 2 朝上. 但是如果这两枚硬币具有量子全同性，那么你就没有任何办法区分这两枚硬币，从而不能指定哪个是硬币 1 哪个是硬币 2，因此这时它们最多只能有三种状态：两枚都朝上、两枚都朝下、一枚朝上一枚朝下. 对于普通的硬币，四种可能性中的每种出现的概率都是 1/4，所以一枚硬币朝上一枚硬币朝下出现的概率是 1/2. 但对于全同的量子硬币，一枚硬币朝上一枚硬币朝下出现的概率是 1/3 或者 1（因为有些情况下，两枚全同的硬币不允许同时向上或向下，参见第二章中的相关讨论）.

(6) 量子纠缠.

如果你匆忙出门旅行，到达目的地后发现包里只有一只右手手套，那么无论离家多远，你立刻就知道被遗忘在家里的那只手套是左手的. 乾隆皇帝于 1796 年 2 月 9 日宣布让位嘉庆，嘉庆皇帝的权威瞬间覆盖了整个广袤的大清帝国，新疆的臣民不会因为几天后才收到这个消息而不承认嘉庆皇帝 2 月 9 日当天颁布的诏书. 在日常生活中我们经常遇到这种瞬间的不费时的信息关联，为了方便起见我们把它叫作超距关联. 超距是个物理名词，用来描述不需要花费时间就可以穿越任何空间距离的现象. 这种超距关联发生的前提条件是，我们事先掌握事情的整体情况：一副手套总是有一只左手手套和一只右手手套；清朝皇帝颁布的法律无条件在整个大清帝国立刻生效.

量子世界里也有类似的超距关联，物理学家把它称作量子纠缠. 假设有两个量子粒子甲和乙，它们处于一个量子状态，一个粒子具有速度 v 另一个具有速度 $-v$，那么当我们通过测量了解到甲粒子具有速度 $-v$ 时，则无论乙粒子离得多远，我们立刻会知道乙粒子具有速度 v. 量子纠缠的这种超距关联和经典超距关联是如此类似，以至于很长时间内物理学家认为它们就是一回事. 直到 1964 年，物理学家贝尔证明了一个著名的不等式，物理学家才意识到它们的不同. 贝尔发现经典超距关联总是满足这个不等式，而量子纠缠则可以违反这个不等式. 物理学家已经在实验上对量子纠缠进行了仔细的观测，发现它确实会违反贝尔不等式. 在第七章，我们将证明贝尔不等式并讨论其意义.

除了超距关联，量子纠缠还有一个惊人的特征：纠缠的粒子会失去自我. 如果你了解一对夫妻，那么说明你了解夫妻双方各自的特点，比如丈夫比较沉默、妻子比较健谈. 但是如果这对夫妻处于量子纠缠态，那么丈夫会具有妻子的性格而妻子也会具有丈夫的性格：他们两人都既沉默又健谈，他们失去了独立的自我. 幸好日常生活中量子纠缠效应完全消失了，不然我们的生活会非常滑稽. 物理学家迄今还没有完全理解量子纠缠效应为什么会在日常生活中消失.

看起来无比古怪的量子力学是物理学中最成功的理论，它不但精确地描述了夸克、中微子、原子等微观粒子的行为，也能很好地解释金属为什么会导电、磁铁为什么会有磁性. 量子力学和相对论一起构成了现代物理学的两大理论支柱. 和所有成功的物理理论一样，量子力学催生了许多革命性的技术.

我们先来看看备受媒体关注的量子通信和量子计算机. 量子通信主要是利

用量子力学的基本原理来实现对通信的加密. 相对于量子通信, 我们把日常生活中接触的通信叫作经典通信. 量子通信技术的基本原理在 20 世纪 90 年代就已经基本完善, 现在技术层次上还有很大的提高空间, 它的潜在应用值得进一步探索. 但大型跨国公司 (比如谷歌、微软、IBM) 似乎看淡它的商业应用价值, 在这个领域投入的积极性远逊于量子计算. 无论怎样, 量子通信技术的发展依然代表着人类挑战技术极限的勇气: 我们到底能在多大的空间尺度上控制两个或多个粒子间的量子纠缠呢?

量子计算机试图实现普通计算机的功能, 但它的运行原理非常不一样, 是基于量子力学的基本原理. 为了便于区分, 我们把现在随处可见的计算机叫作经典计算机. 科学家发现量子计算机可能比经典计算机更强大. 但是迄今科学家只能展示量子计算机在整数因子分解、随机搜索等少数问题上比经典计算机优越, 而且科学家也并不完全清楚量子计算机为什么比经典计算机强大. 更重要的是, 量子计算机的技术难度非常大. 尽管各国政府和大的跨国公司投入了大量的人力和物力来发展量子计算方面的技术, 依然没有生产出一台实用的量子计算机. 我的个人观点是, 在可预见的未来, 比如 50 年以内, 人类还造不出在计算速度上超越经典计算机的通用量子计算机. 我们在第九和第十章将详细介绍量子计算和量子通信.

由于稳定性差, 量子通信永远也不会代替经典通信进入我们的日常生活. 因为技术上的困难, 超越经典计算机的量子计算机还遥遥无期. 媒体对量子通信和量子计算机应用前景的报道过于乐观. 这些报喜不报忧的媒体报道使 "量子" 成为一个时髦的流行词, 很多商家借机推出了很多混淆视听的 "量子" 产品. 事实上据我了解, 除了一个例外, 市场上所有以 "量子" 命名的产品都和量子力学没有任何关系, 只是一种营销手段. 这个例外是量子点显示器, 它属于我们下面要介绍的隐性量子技术.

和量子力学相关的技术其实早已深入我们日常生活的每个角落．只是在这些技术里，量子力学像一个不求名利的幕后英雄，商家也没有用"量子"这个招牌来营销这些技术．我们以手机的芯片为例来展示一下量子力学对技术发展的革命性贡献．现代手机芯片大概只有一个指甲盖那么大，但却含有几十亿个晶体管，每秒能处理十亿次左右的运算！没有量子力学，这是不可能的．人们很早就注意到了金属会导电，而以金刚石为代表的各类宝石却不会导电．物理学家无法用经典物理来理解这些现象．最后在量子力学的帮助下，物理学家成功地解释了这些材料的导电性质，并且发现了一种介于金属和绝缘体之间的材料——半导体．通过物理手段人们可以轻易地调节半导体的导电性能，让它在导电和不导电间快速切换．利用半导体的这个独特的性质，物理学家在1947年发明了晶体管．在以后的几十年里，工程技术人员不断完善和发展晶体管工艺，晶体管越变越小，现在手机芯片上的晶体管只有十几个纳米（约一米的一亿分之一）大小．

为了方便讨论，我把量子通信和量子计算机叫作显性量子技术，把以芯片为代表的量子技术叫作隐性量子技术．它们的共同点是：量子力学在这些技术中起着至关重要的决定性作用．不同点是：在显性量子技术里，量子力学是个台前的英雄，前面提到的量子力学的特征，特别是态叠加原理、量子随机性、量子纠缠，在显性量子技术实现的功能里会直接体现出来．在隐性量子技术里，量子力学则是一个幕后英雄，在这类技术实现的功能里量子力学的特征消失得无影无踪．显性量子技术实现的功能原则上无法用非量子技术（或经典技术）实现；隐性量子技术实现的功能原则上可以用经典技术实现，只是量子力学的出现使这类技术变得更小、更快、更精．量子通信的远程密钥分配和量子计算机里的某些逻辑门在原则上是无法用任何经典技术实现的．以晶体管为基础的芯片是隐性量子技术，因为在晶体管出现以前，人们已经用电子真空管造出了计算机．但电子管计算机异常庞大，一台计算机需要占据几个房间，速度还很慢 [见图 1.1(a)]. 在 20 世纪 80 年代，普通人家中还能常见到一种硕大的收音机. 这些收音机由于使用电子管而体积庞大 [见图 1.1(b)]. 我们日常用的硬盘也是一种隐性量子技术. 这种磁存储技术根植于量子力学：物理学家发现，电子具有自旋，这是一种非常神奇的微观特征. 如果你想用一个图像来理解自旋，大致可以把它想象成一个永不停息的陀螺. 由于具有自旋，电子很像一个微小的指南针. 基于这个认识，物理学家在量子力学的帮助下解释了磁铁为什么具有磁性，并进一步发展了磁存储技术. 现在一个普通的硬盘可以装下成千上万本图书. 没有这些磁存储器，我们当然可以用普通的纸张、印刷技术或者胶片来存储信息，只是相对于磁存储这些技术不够轻巧和快速.

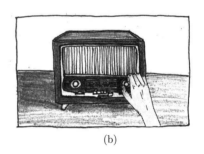

(a)   (b)

图 1.1   (a) 电子真空管计算机；(b) 电子真空管收音机

在量子技术中，显性量子技术离我们的日常生活还远，隐性量子技术则已经深刻地改变了我们的日常生活.

量子力学非常成功，但它描述的世界却非常古怪，和我们的日常经验大相径庭. 前面提到的量子力学的六大特征就是对这种"古怪"的简短描述. 哲学家对量子力学的这种"古怪性"进行过很多讨论. 现在有人将量子力学的这种"古怪性"和宗教联系起来，还有人提"量子心理学"等理论，这些都是牵强附会. 量子力学是一门科学，它已经经过了很多实验的严格检验，它的进一步发展依然需要实验的推动和检验. 对量子力学空泛的讨论和量子作为一个招牌带来的喧嚣最终都会被时间淘汰，而留下来的才是科学的实实在在的量子.

第二章 量子力学简史

量子力学的创立是一段充满传奇英雄和故事的令人心潮澎湃的历史，其中的每个人物都值得我们去颂扬，每个突破都值得我们去细细回味. 让我们记住这些英雄的名字：普朗克、爱因斯坦、玻尔、德布罗意、海森堡、泡利、狄拉克、费米、玻恩、玻色、薛定谔 …… 他们中的每个人及其取得的成就都值得我们用书、音乐、电影、互联网等所有可能的传媒来记载、传播. 他们和他们的科学超越国界，属于整个人类. 由于篇幅的限制，我在这里只能做简短的介绍.

2.1 量子的诞生

普朗克（Max Planck, 1858 — 1947）（见图 2.1）从任何角度看都是一个典型的知识分子. 他 1858 年出生于一个知识分子家庭，曾祖父和祖父都是神学教授，父亲则是法学教授. 他从小受到了优良的教育，会包括钢琴、管风琴和大提琴在内的多种乐器，会作曲和写歌，但他最终选择了物理. 普朗克事业非常顺利，21 岁获得博士学位，随后开始在研究上取得进展，27 岁成为基尔（Kiel）大学的副教授，31 岁继任基尔霍夫（Gustav Robert Kirchhoff, 1824 — 1887）在柏林大学的位置，3 年后成为柏林大学的正教授. 他为人正直、诚实，没有任何怪癖和奇闻异事. 如果没有发现"量子"，他可能也会和其他典型的知识分子、名牌大学教授一样埋没在历史的尘埃里.

1894 年普朗克做了一个改变整个物理史的决定 —— 开始研究黑体辐射. 黑体是一种能够吸收所有入射光的物体，远处建筑物上黑洞洞的窗户就近似为黑体. 黑体在吸收所有入射光的同时也会向外辐射光. 最早研究黑体辐射的

图 2.1　普朗克 (1858—1947)

正是普朗克的前任基尔霍夫. 前期的研究表明, 黑体辐射和构成黑体的具体材料无关, 是普适的. 后来维恩（Wilhelm Wien, 1864—1928）发现了一个公式, 表明黑体的辐射功率和辐射频率之间有一个普适的关系. 从 1894 年开始, 在接下来的五年左右时间里, 普朗克在黑体辐射方面发表了一系列文章, 但没有实质性的突破, 只是用新的方法重新得到了前人的结果, 比如维恩的黑体辐射公式.

与此同时, 位于柏林的帝国物理与技术研究所（Physikalisch-Technische Reichsanstalt）的实验物理学家正在工业界的支持下测量黑体的辐射谱. 当时普遍认为研究黑体辐射可以提高照明和采暖技术. 帝国研究所的物理学家们一开始主要测量频率较高的辐射, 他们发现实验结果和维恩公式非常吻合. 通过提高测量技术, 他们不断向低频辐射推进. 在 1899 年, 他们已经发现在低频区维恩公式和实验测量结果有一些小的偏差. 到 1900 年秋天, 他们在频率更低的区域发现维恩公式和实验测量有严重偏差, 这个偏差不可能解释为实验测量的误差. 普朗克第一时间知道了实验结果. 面对冰冷确凿的实验数据, 他不得不回过头来重新审视自己的理论. 他很快发现在推导维恩公式的过程中只

要稍稍改变一个熵的表达式就可以得到一个新的黑体辐射公式:

$$u(\nu) = \frac{8\pi b\nu^3}{c^3} \frac{1}{\mathrm{e}^{a\nu/T} - 1},$$ (2.1)

其中 ν 是辐射的频率而 a 和 b 是两个常数. 普朗克发现这个公式和实验结果完全符合. 1900 年 10 月 19 日, 他在柏林科学院的一个会议上宣布了这个结果. 但普朗克对结果并不十分满意, 因为他不理解为什么要改动熵的公式, 他想理解这个正确的黑体辐射公式后面的物理. 经过一个多月的努力后, 普朗克找到了答案. 他假定处于辐射场中的电偶极振子的能量是一份一份的, 每份的大小正比于振动的频率, 即可以把每份能量写成 $h\nu$, 这里 h 是一个常数. 利用这个假设和玻尔兹曼熵的公式, 普朗克将自己一个多月前得到的黑体辐射公式改写为

$$u(\nu) = \frac{8\pi h\nu^3}{c^3} \frac{1}{\mathrm{e}^{h\nu/k_{\mathrm{B}}T} - 1}.$$ (2.2)

这个公式和公式 (2.1) 相比只是将以前的常数 a 和 b 换成了用 h 和 k_{B} 表达. 这是一个数学上很平庸的变换, 但物理上却是革命性的[①]. h 就是大家现在熟知的普朗克常数, 而 k_{B} 则是玻尔兹曼常数. 通过和实验结果比较, 普朗克发现 $h \approx 6.55 \times 10^{-27}$ erg·s, $k_{\mathrm{B}} \approx 1.346 \times 10^{-16}$ erg/K[②]. 而最新测量结果是 $h = 6.62607015 \times 10^{-27}$ erg·s, $k_{\mathrm{B}} = 1.380649 \times 10^{-16}$ erg/K[③].

1900 年 12 月 14 日, 柏林科学院又召开了一个会议, 普朗克在会上宣布了这个结果, 量子就这样诞生了.

为了还原历史, 我们看一下普朗克自己在论文里是如何引入 "量子" 的. 普朗克用德文写道 [Annalen der Physik, 1901, 4: 553]:

---

① 普朗克的这个推导其实还是错的. 直到 1924 年, 印度物理学家玻色才第一次给出了黑体辐射公式的正确推导.

② erg (尔格) 是一种旧的能量单位, 1 erg=10^{-7} J.

③ 根据最新国际单位制 (the International System of Unites(SI)) 的定义, 这两个物理常数确定地具有这两个值, 没有任何误差.

Es kommt nun darauf an, die Wahrscheinlichkeit W dafür zu finden, dass die N Resonatoren insgesamt die Schwingungsenergie U_N besitzen. Hierzu ist es notwendig, U_N nicht als eine stetige, unbeschränkt teilbare, sondern als eine discrete, aus einer ganzen Zahl von endlichen gleichen Teilen zusammengesetzte Grösse aufzufassen. Nennen wir einen solchen Teil ein Energieelement ϵ, so ist mithin zu setzen

$$U_N = P\epsilon$$

wobei P eine ganze, im allgemeinen grosse Zahl bedeutet, während wir den Wert von ϵ noch dahingestellt sein lassen.

这段话的大意是:

现在需要找出 N 个偶极振子总共具有能量 U_N 的概率 W. 这里有必要把 U_N 理解为一个由整数个均分单元构成的离散变量, 而不是连续的、可以无限细分的. 我们把这个均分的能量单元叫作 ϵ, 这样我们有

$$U_N = P\epsilon,$$

其中 P 是整数, 一般很大, 而 ϵ 的值还不确定.

经过几代物理学家的努力, 我们现在已经有了一个逻辑严格而内容无比丰富的知识体系——量子理论. 这既包括我们通常所说的量子力学, 也包括描述基本相互作用的量子场论. 同时基于这些知识发展出来的半导体、激光等技术已经并将继续改变我们的日常生活. 而这一切都始于这段简短得有些不起眼的文字. 这就是思想的力量和神奇.

2.2　艰　难　起　步

普朗克的黑体辐射公式取得了巨大的成功, 被越来越多的实验证实. 但普朗克的量子——$h\nu$, 却并没有引起特别多关注. 当时的物理学家, 包括普朗克自己, 都没有意识到量子力学的大门已经被推开, 更没有想到量子力学的风暴将在其后的二十多年里席卷整个物理学界, 彻底改变人们对自然的认识. 普朗克在接下来的几年里, 不是试图去推广和发展他的 “量子”, 而是努力为它寻找一个经典的解释. 这当然是徒劳的, 以至于后来普朗克在量子理论的进一步发展中不再有任何实质贡献. 但是这样伟大的结果不可能被完全忽视. 洛伦兹 (Hendrik Antoon Lorentz, 1853—1928) 从 1903 年开始关注这个问题, 他的结论是普朗克的量子和经典理论是无法调和的. 由于洛伦兹在当时物理学界的重要地位, 普朗克的量子开始引起更多物理学家的关注, 但依然被绝大多数物理学家忽视.

这些发展引起了瑞士伯尔尼专利局一个年轻职员的关注, 他叫爱因斯坦 (Albert Einstein, 1879—1955) (见图 2.2). 此人天赋异禀, 具有一双洞穿世俗的眼睛, 总能透过大家熟知的公式看到崭新的物理. 我们回顾一下普朗克的黑体辐射公式 (2.2). 当频率很大, 即 $h\nu \gg k_\mathrm{B}T$ 时, 有 $\mathrm{e}^{h\nu/k_\mathrm{B}T} \gg 1$, 所以可以忽略分母中的 1, 得到

$$u(\nu) = \frac{8\pi h\nu^3}{c^3}\mathrm{e}^{-h\nu/k_\mathrm{B}T}. \tag{2.3}$$

这就是前面提及的维恩的黑体辐射公式. 注意: 这个公式里含有普朗克常数 h. 现代物理学家都知道, 如果一个公式里含有普朗克常数 h, 那这个公式一定描述了某个量子现象或过程. 维恩于 1896 年首次推导出这个公式, 几年后普朗克又重新推导了这个公式. 但是维恩和普朗克当时都没有看出隐藏在这个著名公式后的量子物理.

ALBERT EINSTEIN

图 2.2　　爱因斯坦（1879—1955）

1905 年，爱因斯坦看透了这个为人熟知的公式，发现了它后面隐藏的量子. 通过和经典气体的熵类比，爱因斯坦发现黑体辐射可以看作是一种特殊的由"光子"构成的气体，每个光子的能量是 $h\nu$. 在 1905 年发表的一篇论文里[Ann. Phys., 1905, 17: 132]，爱因斯坦没有使用"光子"这个词，用的是能量量子（energy quantum）或光量子（light quantum），但他明确地意识到了光具有粒子的性质. 相对于普朗克，爱因斯坦对光的理解显然往前迈了一大步. 在这篇论文里，爱因斯坦开门见山地指出：粒子和波的行为有本质的不同，光虽然被广泛认为是一种波，但在很多现象，比如黑体辐射、荧光、光致阴极辐射中，光的行为更像粒子. 他说自己这篇论文的目的就是阐述这种理解并给出这种理解的事实基础. 在这篇论文的后半部分，爱因斯坦利用光量子的概念轻松地解释了光电效应——当这些"光子"和金属中的电子碰撞时，要么全部被吸收，要么完全不被吸收——并据此给出了描述光电效应的公式. 1921 年，爱因斯坦因为这个光电效应的工作获得了诺贝尔奖.

同样是面对"量子"，普朗克、洛伦兹和爱因斯坦的态度截然不同. 普朗克有些不情愿，认为这只是自己推导过程中不得不临时借用的一个小技巧，在某个改进的推导里，"量子"会自动消失. 洛伦兹对"量子"一开始也是持怀疑态度，但他的理论功底显然更深厚，经过一段时间的研究后，非常确信"量子"是不可能从经典物理里推导出来的，但却没有进一步发展和推广"量子"的想法．天才的爱因斯坦则是立刻认识到了"量子"是个革命性的想法，不但进一步发展了这个概念，而且马不停蹄地将它进行了应用，解释了光电效应．

如果说普朗克推开了量子力学的大门，那么他只是推开了一条若隐若现的很小的缝，随后自己走开了，回到了经典物理．洛伦兹意识到了门后是一个非常不一样的世界，却无力或无意跨进去．爱因斯坦则是将门完全推开，勇敢地闯了进去．在 1905 年，爱因斯坦还提出了令他闻名世界的狭义相对论，但在和朋友的通信里，他把他的光子理论描述为"革命性的"，而不是他的相对论．因为在当时的物理学界，所有的人都认为光不是粒子，而是一种波——按照麦克斯韦方程振动和传播的电磁波．而且在接下来的五年里，爱因斯坦花费了更多的时间去发展量子理论，而不是相对论．

那时的爱因斯坦还只是伯尔尼专利局的一个年轻职员．他的光量子论和对光电效应的解释并没有立刻产生什么影响，在物理圈里几乎没有人讨论它们．但年轻的爱因斯坦义无反顾地继续在量子的世界里奋力前行．1907 年，爱因斯坦取得了一个重大进展，他将普朗克的黑体辐射公式应用到了一个完全不同的领域——固体比热．爱因斯坦认为固体中原子振动的能量也是一份一份的，它们应该同样遵守普朗克的黑体辐射公式．当时物理学家已经将温度降到 $-250°C$，他们在实验中发现固体比热会随着温度降低大幅减小．经典理论完全无法解释这个现象．爱因斯坦利用普朗克的公式发现，固体的比热确实会随温度降低而减小，而且自己推导出来的公式和已经发表的实验结果吻合得非常好．爱因斯坦的这个新结果依然没有立刻得到欢呼，绝大多数的物理学家依然对量子理论毫无兴趣．但是爱因斯坦关于固体比热的理论引起了一个化学家的注意，他就是能斯特（Walther Nernst, 1864—1941）．他深刻地意识到了量子理论的重要,不但自己开始继续发展和应用爱因斯坦的量子理论,而且鼓励自己的同事和助手应用它. 这时已经是 1910 年了.

在能斯特的推动下,第一届索尔维会议 1911 年在布鲁塞尔召开,大会题目是 "辐射和量子"(Radiation and the Quanta). 洛伦兹是大会主席,爱因斯坦应邀参加,报告的题目是 "比热问题"(The Problems of Specific Heat). 量子理论终于走出了襁褓,开始大步向前.

2.3 氢 原 子

第一届索尔维会议后,量子理论终于走到了物理学的前沿,相关的论文数量开始快速增加. 1913 年,量子理论又有了一个里程碑式的突破,玻尔提出了氢原子的量子理论,将量子物理方面的研究推向了一个高潮. 要说清楚玻尔的工作,我们必须先回顾一段历史.

在 19 世纪末,经典物理的理论框架已经完全建立,以至于很多人乐观地认为今后的物理学家只能在建好的物理大厦内当个装修工. 在 1900 年 4 月的一个著名演讲里,开尔文爵士(William Thomson, 1st Baron Kelvin, 1824—1907)宣布物理学的天空只剩下两朵乌云——以太问题和比热问题④. 并不是所有的物理学家都这么乐观,因为经典物理没有回答一个很基本的物理问题——世界是由什么构成的? 通过热力学和统计力学研究,很多物理学家都接受了物质是由原子和分子构成的观点. 但由于当时没有原子和分子存在的直接实验证据,也有很多科学家不接受这个观点,比如马赫(Ernst Mach, 1838—1916)等人提出了能质说. 即使接受了原子假说,人们依然不清楚原子是什

---

④ 有一个广泛流传的说法,两朵乌云是指以太问题和黑体辐射问题,这是错误的! 开尔文爵士演讲稿最后整理发表了 [The London, Edinburgh, and Dublin Philosophical Magazine and Journal of Science, 1901, 2(7): 1-40],论文题目是 Nineteenth Century Clouds Over the Dynamical Theory of Heat and Light. 在这篇论文里,开尔文爵士根本没有提及黑体辐射.

么：它是由更小的物质构成的还是以太的一个涡旋？

理论虽然不完善，实验技术却在不断发展. 实验物理学家提高了光谱分辨率，获得了更低的温度，抽取了更高的真空. 这些发展大幅提高了实验精度，让观测范围更大、测量精度更高、结果更可靠. 前面已经提及，由于获得了更低的温度，物理学家发现固体或气体的比热会随温度变化. 另外，为了提高分辨精度，物理学家用光栅代替了牛顿的棱镜，详细分析了很多原子分子气体的光谱，发现它们是分立的（见图 2.3）. 基于这些实验结果，巴耳末（Johann Balmer, 1825—1898）1885 年发现了一个经验公式，可以描述部分氢原子的光谱. 在此基础上，1888 年里德伯（Johannes Rydberg, 1854—1919）总结出了一个更普遍的氢原子光谱经验公式：

$$\frac{1}{\lambda} = R_{\mathrm{H}}\left(\frac{1}{n_1^2} - \frac{1}{n_2^2}\right),\tag{2.4}$$

其中 λ 是氢原子分立光谱对应的波长，R_{H} 是一个常数，n_1 和 n_2 是整数. 当时的物理学家觉得这些规则的光谱线非常神秘，不清楚它们的起源. 下面我们会看到，这个经验公式其实反映了原子内部电子的运动，它的意义和开普勒总结的行星运动的三大定律一样重要.

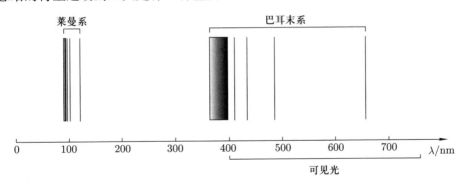

图 2.3　氢原子的光谱线. 这里只画了巴耳末谱线和莱曼谱线

汤姆孙（J. J. Thomson, 1856—1940）（见图 2.4）是一位少年天才，14 岁上大学. 1884 年，年仅 28 岁的汤姆孙被聘为剑桥大学的卡文迪什教授，从数学和理论物理学家摇身一变，成为实验物理学家. 1897 年汤姆孙细致地研究了阴极射线. 通过将阴极管抽到很高的真空，他精确测量了阴极射线粒子的性质. 汤姆孙发现无论阴极是什么材料，它发射出的这个粒子的质量和电荷都是一样的，而且这个粒子的质量不到氢原子质量的千分之一. 汤姆孙发现的这

图 2.4　汤姆孙（1856—1940）

个粒子叫电子. 基于这个发现，汤姆孙开始利用自己深厚的理论功底建立原子的模型，他认为原子是个球状的带正电荷的胶质物，点状的电子一个个嵌于其中（见图 2.5）. 虽然只和实验结果定性吻合，但汤姆孙的原子模型在 1910 年以前是最被认可的原子模型.

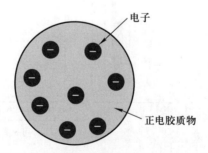

图 2.5　汤姆孙的原子模型. 正电荷均匀分布在一个球里，带负电的电子则点缀在这个均匀正电介质里

　　汤姆孙不但自己的科研很成功，得了诺贝尔奖，还培养了八个诺贝尔奖

得主，其中就有马上要登场的卢瑟福和玻尔. 而且他的儿子也得了诺贝尔奖.

卢瑟福（Ernest Rutherford, 1871—1937）（见图 2.6）生于新西兰，24岁赴英国剑桥大学留学，成为汤姆孙的研究生. 卢瑟福 27 岁时在汤姆孙的推荐下成为加拿大麦吉尔大学的教授. 卢瑟福在麦吉尔大学系统研究了核辐射，发现了阿尔法和贝塔两种不同的射线、半衰变期等核现象. 由于这些成果，他于 1908 年获得了诺贝尔化学奖. 获奖后的卢瑟福毫不松懈，继续努力. 一年之后，1909 年，已出任曼彻斯特大学物理系主任的卢瑟福做了他一生中最重要的实验. 在这个实验里，卢瑟福让他的助手盖革（Johannes "Hans" Geiger, 1882—1945）和马斯登（Ernest Marsden, 1889—1970）用阿尔法粒子轰击一层薄薄的金箔. 他们出乎意料地发现阿尔法粒子在撞击金箔后会发生大角度散射. 按照汤姆孙的原子模型，原子的正电荷均匀分布在原子里面，而电子的质量又远远小于阿尔法粒子，所以带正电的阿尔法粒子会几乎毫无阻碍地穿过原子，最多发生一些小角度散射. 根据这个实验结果，卢瑟福大胆地推翻了他老师汤姆孙的原子模型，建立了自己的原子模型. 卢瑟福认为原子里有一个很小的原子核，几乎所有的原子质量都集中在这个核上. 但是卢瑟福没有明确指出电子是如何分布在原子里的. 卢瑟福的原子模型并没有立刻引起很多关

ERNEST RUTHERFORD

图 2.6　卢瑟福（1871—1937）

注. 1912 年他的实验室来了一个叫玻尔的年轻丹麦人，这个人彻底革新了人们对原子的认识.

尼尔斯·玻尔（Niels Bohr, 1885—1962）（见图 2.7）出生于丹麦的一个书香门第，父亲是哥本哈根大学的医学教授，母亲也是知书达理. 他从小受到了很好的教育，非常喜欢踢足球. 玻尔有个弟弟，叫哈罗德·玻尔（Harald Bohr, 1887—1951）. 哈罗德虽然小两岁，但似乎一切都比哥哥优秀. 哈罗德足球比哥哥踢得好，是丹麦 1908 年奥林匹克足球队的成员. 他比哥哥早一年获得硕士学位，早一年获得博士学位. 但最后，哥哥尼尔斯·玻尔成了更有名的玻尔.

图 2.7   玻尔（1885—1962）

玻尔在 1911 年 4 月获得了博士学位. 他博士论文研究的是金属的电子理论. 玻尔在论文中得到了一个非常重要的结论：当时的金属电子理论不可能解释铁的磁性. 按现代的说法，经典理论是无法解释磁性的. 这个结果现在被称作玻尔-范莱文定理（Bohr-van Leeuwen theorem）. 这个结果一定给年轻的玻尔留下了深刻的印象：经典理论是有缺陷的. 同年 9 月在嘉士伯基金（对，就是那个啤酒公司）的支持下，玻尔来到了汤姆孙的卡文迪什实验室，开展阴极射线的研究. 玻尔似乎没有得到汤姆孙赏识, 于是 1912 年初他受卢瑟福邀请转到了曼彻斯特大学. 玻尔立刻被卢瑟福的原子模型吸引. 更重要的是, 由于在博士期间研究过电子, 玻尔马上开始思索该如何嵌入电子以得到一个稳定的原子模型. 在 1912 年夏天, 玻尔的理论已经基本成形, 他在一份文件里向卢瑟福描述了自己的想法. 玻尔认为为了让原子稳定, 必须引入量子的概念. 1913 年, 玻尔连续发表了三篇论文, 向世界宣布了自己的原子理论.

玻尔的原子理论有两个要点: (1) 电子只能处于一些分立的稳态上, 这些稳态具有分立的能级 $E_1, E_2, E_3, \cdots$. (2) 如果电子要跳到能量更高的稳态, 则必须吸收一个光子; 如果要跳到能量更低的稳态, 则必须放出一个光子. 吸收或释放的光子能量等于两个稳态间的能量差: $h\nu = |E_i - E_j|$ (见图 2.8). 普朗克常数 h 又一次出现了. 爱因斯坦曾利用量子来描述固体中原子的振动, 现在玻尔用量子来描述原子的内部结构, 这是一个里程碑式的进展. 玻尔原子理论看起来非常古怪而且有非常强的拼凑感, 为什么电子只能处于这些分立的能级上? 但物理不是数学, 物理学家更在意你的理论和实验结果是不是吻合. 玻尔的原子理论不但能解释所有已知的氢原子谱线, 即给出里德伯公式 (2.4), 而且在紫外光区域预言了新的谱线, 一年以后被实验证实. 玻

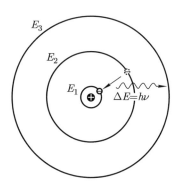

图 2.8 玻尔的原子模型: 电子只能处于一些特定的轨道. 当电子从能级 E_2 跃迁到 E_1, 释放一个光子, 它的频率是 $\nu = (E_2 - E_1)/h$

尔的原子理论还能很好地解释曾经困惑物理学家很长时间的氦离子的皮克林（Pickering）谱线.

和爱因斯坦的光量子论非常不一样，玻尔的原子理论受到了即时的欢呼，并且吸引了更多的物理学家进入量子领域. 索末菲（Arnold Sommerfeld, 1868—1951）是这批物理学家中的杰出代表. 他很快推广了玻尔的理论，认为任何物理体系都可能处于分立的"稳态"，并且给出了更一般的"量子化"规则. 利用这个推广的理论，索末菲发现原子中的电子应该具有三个量子数而不是玻尔理论中的一个，并且他的量子理论可以解释更多的和原子相关的现象，比如斯塔克效应、塞曼分裂等.

在年轻的物理学家们勇敢向前，在量子世界里翻江倒海取得一个又一个成功的时候，年长的物理学家们则显得无所适从或驻足观望. 洛伦兹虽然1903 年就意识到经典理论的不足，但他从来没有积极投入量子理论的研究. 普朗克虽然推开了量子力学的大门，但直到 1914 年他还在尝试从经典理论出发推导出黑体辐射公式.

2.4　危 机 四 伏

虽然取得了很大的成功，但玻尔和索末菲的量子理论并不完美. 玻尔清楚地知道自己理论的不足. 他的理论描述得最好的原子是氢原子，但即使对于氢原子，玻尔的理论也只能预言谱线的频率，无法描述谱线的强度，也不能预测氢原子中释放出来的光子的偏振. 为了完善自己的理论，玻尔提出了一个半直觉的对应原理（correspondence principle），认为电子在能级间的跃迁概率可以用经典的麦克斯韦方程描述. 结合爱因斯坦的自发辐射和受激辐射理论，玻尔成功地得到了能级间跃迁的选择定则. 荷兰物理学家克拉默斯（Hendrik Anthony "Hans" Kramers, 1894—1952）利用这个对应原理进一步得到了所有氢原子光谱线的强度和偏振，和实验结果吻合得很好.

但是这些努力还是远远不够. 玻尔–索末菲理论的缺陷太多，有很多实验现象无法解释. 可以说对应玻尔–索末菲理论的每一个成功，就有一个失败. 特别是玻尔–索末菲理论不能描述任何具有两个或两个以上电子的原子或分子. 例如，它无法给出氦原子的谱线，不能描述分子间的共价键. 到 1924 年的时候，原子物理学家们都觉得玻尔–索末菲理论需要重大的修正. 这个理论不但无法解释很多原子物理中的现象，而且自身的框架也显得非常琐碎，看起来是个东拼西凑的理论. 玻恩（Max Born, 1882—1970）在 1924 年的一篇论文里开始呼唤新的"量子力学"（quantum mechanics）的出现. 两年后，新量子理论真的被构造出来了，玻尔–索末菲理论遇到的困难全部迎刃而解.

1900—1924 年是量子理论的萌芽期. 在这二十多年里，物理学家取得的进展其实非常有限，所有的讨论几乎都是围绕能量的"量子性"展开：辐射的能量是一份一份的；电子只能处于一些分立的能级. 爱因斯坦的光粒子说是个例外，这是现在人们熟知的波粒二象性的起点，但没有人继续发展和推广爱因斯坦的这个思想. 现在回头看，这段时期的量子理论其实相当丑陋，到处是缺陷和漏洞：普朗克黑体辐射公式的推导是错的；爱因斯坦固体比热理论是通过类比得到的，非常不严谨；玻尔几乎是用一种拼凑的方式得到了氢原子的能级. 这些缺点让年长的物理学家们非常不舒服，他们选择了回避和不参与. 年轻的一代虽然也知道这些缺陷，但他们更看重积极的方面：（1）和实验结果吻合；（2）经典理论不可能解释这些实验结果.

萌芽期后，量子力学得到了井喷式的发展. 从 1924 年到 1926 年，短短的三年时间里，一群天资聪颖、勤奋、勇敢、性格各异的年轻物理学家，在没有任何协调组织的情况下，一起建立了量子力学的基本概念和理论框架. 而且这些年轻的物理学家身处世界各地，只能通过书信和纸质的学术期刊交流. 现在量子力学教科书里所讲述的基本概念和理论框架在 1926 年年底前发表的论文里都可以找到. 狄拉克 1930 年写的专著《量子力学原理》(*The Principles of Quantum Mechanics*)时至今日依然没有过时,是每个物理系学生的必读著作. 毫不夸张地说,这三年不只是科学史,也是人类历史上最辉煌的篇章之一. 可惜,迄今为止普通大众对这段辉煌的历史知之甚少.

2.5　绝对的相同

日常生活经验告诉我们,只要足够仔细,我们总能区分两个物体. 比如两枚一元的硬币,很多情况下,肉眼就能把它们区别开. 如果肉眼区别不开,我们只要找一个倍数足够大的显微镜就肯定能区别. 在日常生活中,当我们说两个物体相同时,其实是说,对于我们关心的问题,它们之间的区别不重要,从而可以忽略不计. 买东西时,即使一个硬币有个小缺角,我们也不在乎,认为它和其他硬币是一样的,因为它可以买来同等价值的物品. 现在我们想通过投掷硬币来赌输赢. 如果有两个硬币可以选择,一个有小缺角而另一个完好,这时我们会选择用那个完好的硬币. 但如果两个硬币都是完好的,我们会认为它们一样而随机选一个,虽然我们知道在显微镜下这两个硬币看起来是不一样的. 总而言之,在日常生活中,两个物体相同是一个近似的说法,只要我们足够认真,总是能区分这两个物体. 我们忽略这些小的区别,说两个物体相同是因为这些小的区别对我们关心的问题不重要.

但是物理学家发现,两个光子是完全相同的:没有任何观测手段可以区分两个光子. 我们只能说一个光子具有频率 ν_1,一个光子具有频率 ν_2;我们不能说光子 1 具有频率 ν_1,光子 2 具有频率 ν_2. 以此类推,两个电子是完全相同的,两个水分子是完全相同的,两个碳 60 分子是完全相同的,等等. 总之,这种微观物体间的相同是完美的和绝对的,是一种没有任何细小差别的相同.

这是量子力学和经典力学的本质区别之一. 在量子力学里, 相同是绝对的, 不是近似. 第一个发现微观粒子量子全同性的是印度物理学家玻色 (Satyendra Nath Bose, 1894—1974)(见图 2.9). 20 世纪初的印度, 科学远远落后于欧洲, 但最新科学成果虽然有些滞后, 依然顽强地传播到了印度, 包括刚刚起步的量子物理, 并激发了印度求知青年的兴趣.

SATYENDRA NATH BOSE

图 2.9   玻色 (1894—1974)

玻色出生于印度的加尔各答. 他的父亲先在东印度铁路公司当职员, 后来自己开了公司, 母亲来自一个律师家庭, 受过教育. 玻色五岁开始上学, 在学校表现优异. 1909 年, 玻色在总统学院 (Presidency College) 开始了大学生涯, 选择了科学作为自己的专业. 玻色于 1913 年获得了学士学位, 1915 年获得了硕士学位. 由于当时的印度在科学和教育上还很落后, 玻色没有机会继续深造. 在做了一年私人教师后, 玻色获得了一个机会: 加尔各答大学开始建立理学院, 玻色成了这个理学院最早的物理教师之一. 他和他的同事从一个曾经留学德国的朋友那里借来物理书和期刊, 边自学边上课. 1921 年, 玻色被达卡大学高薪挖走, 他的任务是在达卡大学建一个物理系. 在这里, 玻色写下了那篇令他永垂青史的论文.

玻色在这篇论文中给出了一个新的推导普朗克黑体辐射公式的方法. 我们

前面提过，普朗克一直对自己的推导不满意，尝试了各种改进方法. 现在回头看，普朗克的所有方法都是有缺陷的，因为他的各种尝试总是想尽量回到经典物理，这是注定要失败的. 玻色在他的推导里又引入了一个新的完全突破经典的概念——光子是完全相同、不可区分的. 基于这个概念，再利用光量子，玻色在人类历史上第一次给出了黑体辐射公式的正确推导.

玻色的突破是惊世骇俗的. 在这之前没有任何人意识到量子物理和经典物理会有这种本质区别：在量子的世界里，相同是绝对的；在经典的世界里，相同只是一种近似.

但玻色论文的发表却遇到了些困难. 他把论文投到了一个英国的期刊，没有成功. 在 1924 年 6 月 4 日，玻色把论文寄给了爱因斯坦，希望他能帮忙让论文在德国的期刊发表. 爱因斯坦立刻看出了玻色论文的重要性，他于 1924 年 7 月 2 日回复了一张明信片，告诉玻色：他已经将论文翻译成了德文，并安排在一个德国的期刊发表了. 不但如此，爱因斯坦立刻将这个概念推广，既然光子是全同、不可区分的，那么其他粒子也是一样的. 爱因斯坦为此连续发表了三篇论文，在这些论文里爱因斯坦预言了著名的玻色-爱因斯坦凝聚现象. 七十年后，1995 年，物理学家利用超冷原子气验证了爱因斯坦的预言.

那么玻色是如何取得这个突破的呢？我认为是误打误撞. 我们来看看玻色写给爱因斯坦的信. 玻色这样写道：

尊敬的先生：

我斗胆把我的论文寄给您，希望您能审阅并给出意见. 我非常急切地想知道您对论文的看法. 您会看到，我成功地推导出了普朗克公式中的系数 $8\pi\nu^2/c^3$. 我在推导中没有用经典电动力学，而是假设相空间应该被分成很多小格，每格大小是 h^3. 我的德文不够好，无法将论文翻译成德文. 如果您觉得这个文章值得发表，请您

帮忙安排它在 *Zeitscrift für Physik*[⑤] 发表.

尽管对您来说，我是一个完全陌生的人，我还是毫不犹豫地向您发出了这个请求，因为我们都是您的学生，虽然我们只能通过阅读您的论文受到教诲.

您真诚的玻色，1924 年 6 月 4 日.

玻色在信中完全没有提及光子的不可区分，在他的论文里也没有明确提及这点. 一个可能的合理解释是这样的. 在推导过程中，玻色需要把光子放入他说的"小格"里，并计算所有可能的组合方式. 在计算组合方式时，他在自己没有意识到的情况下把光子当作了不可区分的. 如果他把光子看作是可区分的，就会得到不同的组合数，从而无法推导出普朗克的公式. 但爱因斯坦一眼就看出来了，并急切地做了推广. 如果玻色获得了深造的机会（在印度或在欧洲），他的基本功可能会更扎实些，这样他或许就不会犯这个"光彩夺目"的错误了.

与此同时，独立于玻色和爱因斯坦，三个年轻的天才也开始关注这个问题. 他们是泡利（Wolfgang Pauli, 1900—1958）（见图 2.10）、费米（Enrico Fermi, 1901—1954）（见图 2.11）和狄拉克（Paul Adrien Maurice Dirac, 1902—1984）（见图 2.12）. 泡利出生于奥地利，父亲是化学家，母亲是一位作家的女儿，教父是著名的物理学家马赫. 泡利自幼就显出了极高的天分，18 岁高中毕业后刚刚两个月就发表了自己的第一篇论文，在论文里他研究了广义相对论. 随后泡利成为索末菲的学生，并于 1921 年获得了博士学位. 泡利是个完美主义者，不但自己尽量做到完美，而且当看到别人的"不完美"工作时，也会毫不留情地批评. 或许因为太追求完美，他不轻易发表论文，对物理的很多贡献只能在他和朋友的通信里找到.

---

⑤ 一种德国物理期刊.

图 2.10   泡利（1900—1958）

图 2.11   费米（1901—1954）

图 2.12   狄拉克（1902—1984）

费米出生于罗马，父亲是政府职员，母亲是小学教师. 费米从小喜欢玩各种电动和机械玩具，会如饥似渴地阅读他能接触到的任何物理和数学方面的书籍. 高中毕业后，费米参加大学的入学考试，考试的题目是"声音的特征". 费米用傅里叶分析法解了一个关于振动长棍的微分方程. 主考教授非常欣赏，给了他最高分. 意大利虽然是伽利略的故乡，但当时的意大利物理水平却远远落后于德国、英国和法国. 上了大学后，费米基本上还是自学物理，大学里的物理教授们发现没有什么东西可以教费米，反而经常向费米请教问题，甚至让费米来组织量子物理方面的学术报告. 费米于 1922 年获得了博士学位. 费米是少数几位同时精通理论和实验的物理学家.

狄拉克生于英国的布里斯托, 父亲是一位法语老师, 母亲则在图书馆工作. 狄拉克在他父亲任教的技术学校上中学. 除了普通的中学课程, 他还要上制图、铁艺等技术课程. 狄拉克几乎每门课都是第一名. 随后他进入布里斯托大学, 专业是电子工程. 大学里, 除了规定的课程, 狄拉克自学了包括相对论在内的很多物理和数学知识. 1921 年大学毕业时, 他获得了去剑桥大学深造的机会, 但是由于剑桥提供的奖学金太少, 没有成行. 祸不单行, 作为一个工程系的毕业生, 狄拉克也没有找到工作. 他回到布里斯托大学继续学习, 这一次专业是数学. 1923 年, 狄拉克又毕业了, 这时他获得一个更高的奖学金, 终于如愿进入了剑桥大学, 开始了自己的科学生涯. 狄拉克性格孤僻、少言寡语, 不善于和别人交流, 为此留下了很多趣闻逸事. 有一次, 狄拉克做完学术报告后, 有人举手说道: "我不理解黑板右上角的那个方程." 狄拉克没有任何回应. 过了相当长时间, 主持人试图打破这个尴尬的局面, 礼貌地催促狄拉克, 狄拉克答道: "那不是一个问题, 只是一个评论." 按照现代医学的标准, 狄拉克很可能是一个自闭症患者, 但这完全没有影响他的研究, 或许还有帮助.

意气风发的泡利在拿到博士学位后来到了哥廷根, 师从玻恩. 1922 年, 玻尔到哥廷根访问, 给了一个系列讲座, 介绍自己如何用量子理论来解释为什么元素周期表是那样排列的. 玻尔尽管取得了一些进展, 但依然无法解决其中最大的困难——电子为什么不聚集到最低的能级上? 这个问题从此一直萦绕在泡利的脑海. 经过三年多的思考和研究, 在他人结果的启发下, 泡利终于在 1925 年把这个问题想清楚了. 为了解释元素周期表, 必须做两个假设:（1）除了空间自由度外, 电子还有一个奇怪的自由度;（2）任何两个电子不能同时处于完全相同的量子态. 第一个假设很快被证实, 这个奇怪的自由度就是自旋. 第二个假设现在被叫作泡利不相容原理.

费米自 1924 年就开始思考电子是否可区分的问题. 前面提到, 玻尔和索末菲的量子理论完全无法解释氦原子的光谱. 费米猜想主要的原因是氦原子里的两个电子完全相同, 不可区分, 但他一直不知道该如何开展定量的讨论. 看到泡利的文章后, 费米立刻清楚了自己该做什么. 在 1926 年, 他连续发表了两篇论文, 它们的结果几乎完全一样, 只是第一篇论文是意大利文的, 很短, 第二篇论文是德文的, 比较长, 对结果和推导有更详细的描述. 费米在文章中描述了一种新的量子气体, 气体中的粒子完全相同、不可区分, 而且每个量子态最多只能被一个粒子占据. 这与玻色和爱因斯坦讨论过的全同粒子有什么不一样呢? 我们前面没有提及的是, 对于玻色和爱因斯坦讨论的全同粒子, 多个粒子可以占据同一个量子态. 几个月之后, 狄拉克利用一个新方法重新讨论了这个问题, 系统地给出了全同粒子的性质.

现在我们都知道, 微观粒子分为两类: 一类叫玻色子; 另一类叫费米子. 光子、氢原子等是玻色子; 电子、质子等是费米子. 玻色子满足玻色 – 爱因斯坦统计 —— 同一个量子态可以被多个玻色子占据; 费米子满足费米 – 狄拉克统计 —— 一个量子态最多只能被一个费米子占据.

2.6 原来是矩阵

在玻色、爱因斯坦、费米、狄拉克发展粒子全同性概念的同时, 海森堡 (Werner Heisenberg, 1901 — 1976)(见图 2.13)和玻恩等正在量子理论的另外一个方向取得突破性进展, 他们缔造了玻恩梦想的 "量子力学".

海森堡出生于德国, 父亲从中学老师做起, 最后成为慕尼黑大学教授, 母亲则是一位校长的女儿. 海森堡自幼成绩优异, 并且受到了很好的音乐教育, 钢琴弹得非常好. 1920 年, 海森堡进入父亲任教的慕尼黑大学. 他一开始想跟

WERNER HEISENBERG

图 2.13　海森堡（1901—1976）

年迈的林德曼教授（Ferdinand von Lindemann, 1852—1939）学数论，但被拒绝了. 和父亲商量后，海森堡改投索末菲门下，成为泡利的师弟，开始学习理论物理. 和汤姆孙一样，索末菲也培养了很多诺贝尔奖得主，其中最有名的就是海森堡和泡利了. 索末菲慧眼识英才，他让海森堡和高年级学生一起参加他的高级研讨班. 海森堡也没让他的老师失望，进组一年后，就提出了一个新的原子模型. 利用这个模型，海森堡可以解释当时困扰着所有人的反常塞曼效应. 这个模型用现代的眼光看有很多缺陷，但海森堡在这个工作中展示出了他特有的品质：为了解释实验，他愿意随时放弃旧的理论信条. 当时的量子理论有个信条：量子数必须是整数. 海森堡的模型里引进了半整数. 这不但惊呆了老师索末菲，就连年长一岁的师兄泡利也提出了激烈的抗议：如果 $1/2$ 可以是量子数，那么 $1/4, 1/8, 1/16, \cdots$ 都可以是，这样就没有分立的能级了. 海森堡没有动摇，他的回答是"成者为王"（Success sanctifies means）.

这个颇受争议的工作为海森堡赢得了很多机会. 他受玻恩之邀到哥廷根访问了一年，在哥廷根见到了玻尔并展开了深入的讨论. 海森堡深受玻恩和玻尔的赏识. 玻恩希望他博士毕业后来哥廷根工作，玻尔则邀请他适当的时候访问哥本哈根. 从 1922 年到 1925 年，海森堡穿梭于当时量子理论的三个中心：哥本哈根、哥廷根和慕尼黑. 通过和这三个中心的量子理论大师与学生们的讨论交流, 海森堡迅速成长. 他深刻了解了旧的玻尔 – 索末菲量子理论遇到的困难和危机, 开始思考突破的可能. 这种快速的成长在海森堡的知识结构里留下了缺陷, 有些缺陷显得相当触目惊心. 比如, 海森堡在博士答辩时不能回答维恩教授的几个简单问题: 显微镜的分辨率由什么决定? 电池是如何工作的? 但具有明显知识缺陷的海森堡却完成了对旧量子理论的全面突破.

1925 年 6 月, 海森堡的新量子理论已经有了基本雏形. 他意识到, 在新的量子理论里必须放弃电子轨道等概念, 只关注那些在实验上可观测的量. 在经典物理里, 我们可以观测行星围绕太阳的轨道、记录航海的路径, 但是电子轨道是观测不到的. 在海森堡生活的时代, 人们只能观测到电子在不同能级间的跃迁强度. 海森堡开始构建关于这些跃迁强度的理论, 很快意识到这些可观测量的乘法很古怪, 他的计算遇到了困难. 这时海森堡花粉过敏发作, 决定离开哥廷根去一个叫赫尔格兰德 (Helgoland) 的没有什么植物的小岛度假休养. 海森堡在这里待了十天, 病好了, 同时也克服困难完成了计算.

1925 年 9 月, 海森堡在 *Zeitscrift für Physik* 上发表了一篇论文, 论文的题目是 "量子理论对运动学和力学关系的重新解释". 看起来并不很吸引眼球, 但这篇论文具有里程碑意义. 海森堡自己在文中写道, 这篇论文的目的是 "建立量子力学的基础, 这个基础将只包括可观测量之间的关系". 海森堡发现这些可观测量依赖于两个指标, 它们的乘法是不对易的. 即如果 A 和 B 是两个可观测量, 那么 $AB \neq BA$. 海森堡自己也不清楚这些变量是什么, 对自己的新理论框架并没有太多信心. 由于这些带有两个指标的变量把计算弄得非常复杂, 海森堡在这篇论文里只能对简谐振子进行计算, 不知道如何在他的新理论框架里得到氢原子的能级.

玻恩立刻看出了海森堡工作的重要性, 并很快意识到海森堡提出的这些古怪的可观测量其实就是数学上的矩阵. 他和他的学生若尔当（Pascual Jordan, 1902—1980）很快证明了动量和位置这两个可观测量间的对易关系. 在 1925 年 11 月，玻恩、海森堡和若尔当联合发表了一篇论文，清楚地给出了矩阵力学的基本框架. 到 1926 年初，泡利和狄拉克各自独立地在矩阵力学的框架内给出了氢原子的能级.

20 岁时，海森堡勇敢地引入了半整量子数. 24 岁时，海森堡勇敢地突破了旧的量子理论，创立了矩阵力学.

2.7 粒子是波，波是粒子

当海森堡穿梭于当时量子理论的黄金三角——哥廷根、哥本哈根和慕尼黑之间寻求新的量子理论时，量子理论也同时在黄金三角之外沿着一条完全不同的思路平行发展. 这些努力最后导致了量子力学的另外一个版本的出现——薛定谔的波动方程.

德布罗意（Louis Victor Pierre Raymond de Broglie, 1892—1987）（见图 2.14）出生于法国的一个贵族家庭. 当 1960 年他哥哥德布罗意公爵六世去世时，他成为德布罗意公爵七世. 德布罗意一开始的兴趣是文史，18 岁获得了一个历史专业的学位. 随后他开始对科学感兴趣，21 岁时又获得了一个理学学位. 这时一战爆发，德布罗意应征入伍，负责无线电通信，工作的地点就是埃菲尔铁塔. 这段经历一定让他对波有了非常深刻的切身体验. 1918 年战争结束后，他开始研究物理，参与他哥哥物理实验室的工作. 但德布罗意个人更喜爱理论物理，尤其对新兴的量子理论非常感兴趣.

1923 年，德布罗意在量子理论的研究上获得了进展，连续写了几篇论文. 但是他的理论没有引起任何注意. 1924 年初，德布罗意将这些结果系统整理后写成了一篇博士论文，然后交给了法国著名的物理学家朗之万（Paul

图 2.14   德布罗意（1892—1987）

Langevin, 1872—1946）审阅. 朗之万一看论文是关于量子的，而且德布罗意的观点很新颖，不敢贸然下结论，问德布罗意又要了一本论文，把它寄给爱因斯坦征询意见. 爱因斯坦立刻洞察到了德布罗意工作的重要性，他在给朗之万的回信中写道："他揭开了那个厚重面纱的一角"（He has lifted a corner of the great veil）. 爱因斯坦马上在自己一篇于 1925 年发表的关于玻色统计的论文里讨论了德布罗意的理论，从而让德布罗意的理论受到众人的关注. 那么德布罗意在他的博士论文里究竟提出了什么新颖的理论呢？

让我们回顾一下爱因斯坦 1905 年那篇著名的光量子论文. 在这篇论文里，爱因斯坦提出光是粒子，并基于这个观点解释了光电效应. 经过多年努力，到 1916 年，实验物理学家明确无误地宣告他们在实验上验证了爱因斯坦的光电效应公式. 但是即使这时，绝大多数物理学家依然拒绝接受爱因斯坦的观点——光是粒子. 原因很简单，大量的实验和麦克斯韦方程组告诉我们光是波. 同一种东西怎么可能既是波又是粒子呢？当时几乎所有的物理学家都认为这是不可能的. 德布罗意似乎完全没有受到这些成见的影响，他采取了更加积极的态度. 既然被大家认为是波的光可以是粒子，德布罗意觉得那么粒子也可以是波，比如电子可以是波. 和哲学观点不一样，任何一个物理观点必须伴随定量的描述. 德布罗意在他的博士论文里围绕这个观点开展了大量的定量讨论. 首先，他认为如果一个粒子的动量是 p，那么它的波长是 $\lambda = h/p$. 其次，他认为既然电子是波，那么电子围绕质子就会形成驻波. 依照这个思路，德布罗意神奇地重新推导出了玻尔的氢原子轨道和能级（见图 2.15）. 最后，德布罗意预言电子也会发生散射和干涉. 德布罗意的这个预言后来得到了实验的证实，他为此于 1929 年获得诺贝尔奖.

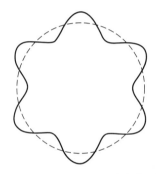

图 2.15　德布罗意认为电子是一种波，每一个玻尔轨道（虚线）正好对应一个电子驻波

就这样，作为一个曾经的文科生，在当时的物理圈默默无闻的德布罗意提出了波粒二象性，成为唯一一位为量子力学做出奠基性贡献的法国物理学家.

是薛定谔登场的时候了，他完成了新量子力学的最后一笔，极其重要的一笔. 薛定谔（Erwin Rudolf Josef Alexander Schrödinger, 1887—1961）（见图 2.16）出生于维也纳，父亲是植物学家，母亲是一位教授的女儿. 薛定谔早期的学术生涯和普朗克很类似，虽然事业一直很顺利，最后成为苏黎世大学的正教授，但并没有特别耀眼的成果. 薛定谔的个人生活和普朗克却完全不同. 薛定谔风流倜傥，一生情人不断，并且公开和妻子与情人一起生活.

薛定谔的灵感来自德布罗意的波粒二象性. 他首先通过爱因斯坦 1925 年那篇关于玻色统计的论文了解到了德布罗意的观点. 随后他仔细研究了德布罗

图 2.16   薛定谔（1887—1961）

意的博士论文. 既然粒子是波, 那么就应该有一个相应的波动方程. 带着这个想法, 薛定谔在 1925 年圣诞节前离开苏黎世来到了阿罗萨（Arosa）. 当一月份回到苏黎世时, 薛定谔已经有了他的波动方程和很多计算结果. 在外尔（Hermann Weyl, 1885—1955）的帮助下, 薛定谔解决了最后几个数学细节问题, 开始撰写论文. 1926 年 1 月 27 日, 学术期刊 *Annalen der Physik* 收到了薛定谔的论文稿. 在论文里, 薛定谔提出了著名的波动方程和波函数, 并利用它们给出了氢原子的正确能级.

在阿罗萨到底发生了什么是科学史上的一个谜. 薛定谔有写日记的习惯, 不但记录自己研究的心得, 也会记录自己和情人的约会. 但是薛定谔 1925 年的日记消失了. 他自己后来写了些回忆录, 也没有细致描述自己 1925 年在阿罗萨是如何找到那个著名的波动方程的. 现在可以确定的是：（1）当时有一个情人陪伴薛定谔, 但是无人知道她是谁；（2）留下了两本充满公式的笔记本；（3）由于完全沉浸于他的波动方程, 这个假期薛定谔没有像往年一样去滑雪. 无论怎样, 薛定谔方程诞生了, 它是一个完全等价于矩阵力学的量子理论形式. 薛定谔接下来又发表了三篇论文, 进一步发展和完善了自己的波动力学, 并在第四篇论文（1926 年 6 月）里引入了复数, 建立了包含时间变量的薛定谔方程.

　　为整个新量子理论框架填上点睛之笔的是狄拉克. 当读过薛定谔的论文后, 狄拉克很快意识到薛定谔的波动力学和海森堡的矩阵力学的等价性. 他于 1926 年 9 月发表了一篇论文, 题目是 "论量子力学理论" (On the Theory of Quantum Mechanics). 在这篇论文里, 狄拉克不但清晰地论述了薛定谔和海森堡理论的等价性, 而且通过多粒子波函数的置换对称性明确指出量子世界里只有两种粒子——玻色子和费米子.

2.8　回　　味

　　这是一段令人震撼同时也令人回味无穷的历史. 人们可以从不同的侧面来回顾这段历史, 并以此来展望未来. 我在这里重点回味一下我们的英雄, 总结一下他们各自的特点和在这段历史中扮演的角色.

　　普朗克是一位典型的大学教授, 扎实、锲而不舍、刨根问底, 尽量去完善已有的理论而不是去突破它. 这些品质决定了普朗克是一个 "不情愿的革命者". 凭着刨根问底的精神, 他发现了 "量子". 但随后普朗克不是去继续发展 "量子", 反而总是试图通过完善经典理论来消除 "量子", 把自己推开的量子之门关上.

　　爱因斯坦则无疑是一个千年难得的天才. 首先他单枪匹马创立了相对论, 其次他在量子理论发展上所做出的贡献和所起的作用也是无人能比的. 在玻尔提出原子的量子理论以前, 爱因斯坦几乎是孤身一人在支撑量子理论的发展. 他发展了普朗克的 "量子" 概念, 认为光具有粒子性. 爱因斯坦从来没有想走回头路, 而是继续向前, 进而将普朗克的黑体辐射公式成功应用于固体比热问题. 他的自发辐射理论完善了旧的玻尔–索末菲量子理论. 在新量子理论的发展中, 爱因斯坦又担当起穿针引线的作用. 玻色和德布罗意当时都是默默无闻的物理学家, 爱因斯坦慧眼识才, 一眼看出了他们工作的重要性, 并积极介绍给其他人. 即使在晚年, 他对量子力学的大声质疑也促进了量子力学的发展, 促使人们深入思考量子纠缠这个在早期量子力学发展中被忽视的概念.

玻尔早期是一个冲锋陷阵的士兵. 他的原子理论是量子理论发展的一个拐点, 彻底改变了量子理论不受重视的局面. 到量子理论发展的后期, 玻尔则更多地扮演了导师的角色. 他和索末菲、玻恩分别建立了三个活跃的量子理论发展的中心 —— 哥本哈根、慕尼黑和哥廷根. 他们一起培养了一批能力超凡的年轻物理学家, 最突出的代表就是海森堡和泡利. 海森堡就是在这三个中心之间穿梭, 深刻了解了旧量子理论的局限性, 最后发展出了矩阵力学.

比较爱因斯坦和玻尔总是非常有趣. 他们都在早期对量子理论做出了革命性的贡献, 对它的发展起了决定性的作用. 到后来他们都不再冲锋陷阵, 而是通过积极帮助年轻人来推动量子理论的发展. 但他们帮助年轻人的方式非常不一样. 爱因斯坦不是一个好导师, 不喜欢将自己置身于学生之中, 几乎不和学生合作开展研究. 他完全是依靠自己独特的洞察一切的眼光, 通过发现年轻人工作的重要性来帮助他们. 玻尔则喜欢和学生交谈, 和他们一起思考和讨论问题. 他和索末菲、玻恩一样, 是先发现有才能的年轻人, 然后引导他们去攻城拔寨.

量子力学发展的后期, 涌现出了一批年轻而天才的物理学家, 他们迅速地取得一个又一个突破, 在短短的三年时间里建立了一个全新的量子理论. "八仙过海、各显神通" 是对他们最确切的描述.

德布罗意贵族出身, 衣食无忧, 凭着自己的兴趣弃文学理. 这种背景注定了他不受成见的束缚, 在几乎没有他人讨论的情况下提出了粒子即波、波即粒子的革命性概念.

狄拉克则出身于普通中产家庭, 不但不善于与人进行日常交流, 也几乎不和别人合作和讨论物理问题. 但他凭着自己绝对的天才, 傲步于物理学界. 他不但做出了前面描述的重要工作, 后来更是通过和狭义相对论结合, 提出了一个新的波动方程——狄拉克方程, 预言了反粒子的存在.

费米也是一个难得的天才, 几乎是自学成才. 和狄拉克不一样, 费米善于和人交流, 更注重物理的直觉而不是数学的优美. 后来费米在粒子物理方面做出了很多杰出的贡献, 比如搭建了第一个核反应堆, 与其他人共同领导了曼哈顿计划.

泡利和海森堡几乎有着相同的成长轨迹, 先是师从索末菲, 后来成为玻恩和玻尔的助手, 只是泡利年长一岁. 从基本科研素质而言, 泡利无疑是更优秀的, 18 岁便已经开始研究广义相对论. 而海森堡则具有明显的知识缺陷, 比如博士答辩时不能解释显微镜的工作原理. 最后海森堡在量子理论的发展上却做出了更大的贡献. 原因是, 海森堡更勇敢, 更愿意抛弃旧的理论. 海森堡的勇敢或许来自他的知识缺陷: 缺陷越多, 束缚越小.

玻色的成功非常独特. 他热爱物理, 但没有得到机会去欧洲留学而接受当时最好的物理教育. 可能就是这个原因, 他最后误打误撞突破了经典理论, 提出了新的量子统计.

在这些新量子理论的开创者中, 薛定谔是最年长的了. 前面那些年轻人都只有二十几岁, 而 1926 年时, 薛定谔已经 39 岁了. 他和普朗克一样, 在突破以前几乎没有什么特别有影响力的科研成果. 但和普朗克不一样的是, 他随后积极投入了量子力学的发展, 量子纠缠也是他最早注意到的. 薛定谔写的一本书——《什么是生命》(*What is Life*) 在生物界也影响广泛. 发现 DNA 双螺旋结构的生物学家詹姆斯·沃森 (James Watson) 一开始对鸟类学感兴趣, 读了这本书之后转而开始研究基因.

这一切告诉我们一个明确的道理: 科学的突破是没有固定模式的.

****

本章的历史资料来自 Wikipedia 网站和如下书籍：

1. Moore W J. Schrödinger: Life and Thought. Cambridge: Cambridge University Press, 1989.

2. Kragh H. Quantum Generations. New Jersey: Princeton University Press, 1999.

3. Cassidy D D. Beyond Uncertainty. New York: Bellevue Literary Press, 2009.

4. Wali K C. Satyendra Nath Bose: His Life and Times. Singapore: World Scientific, 2009.

5. Farmelo G. 量子怪杰：保罗·狄拉克传. 兰梅，译. 重庆：重庆大学出版社，2015.

第三章　经典力学和旧量子理论

我们在日常生活中会遇到各种各样的运动：疾驰的汽车、来往的行人、滚动的足球、飞翔的鸟儿. 切身体验告诉我们，为了准确地描述一个物体的运动状态，必须同时给出它的位置和速度. 只了解位置是不够的：对于你面前的一颗子弹，如果它的速度为零，你没有什么可以担心的；如果正高速飞行，你最好早就穿上了防弹衣. 只了解速度也是不够的：对于一个高速飞行的子弹，如果它在 100 km 以外，你不会感受到任何威胁；如果它就在你面前，那你肯定希望你面前有一块防弹玻璃. 在经典力学描述的世界里，一个物体可以同时具有确定的位置和速度，在任何一个时刻，只有准确了解了它的位置和速度，才算完整知道了它的运动状态. 后面我们会看到，在量子力学里，一个粒子永远也不可能同时具有确定的位置和速度（或更准确些——动量）.

在本章我们将简要讨论自由落体这个著名的问题，以此为例引入经典力学中相空间、哈密顿量等概念，然后在此基础上总结经典力学的特征. 这些特征因为太显而易见和理所当然，以至于很少被人提及. 在后面的章节中，我们会看到几乎所有这些特征都被量子力学颠覆了. 在本章的最后，我们介绍玻尔和索末菲的旧量子理论，并用它来讨论简谐振子的量子化.

3.1　自　由　落　体

自由落体是一个非常有名的问题. 一个广泛流传的说法是，意大利著名的物理学家伽利略（Galileo Galilei, 1564—1642）曾经亲自站在比萨斜塔上做自由落体实验. 历史的真相是：伽利略并没有做这个实验，但伽利略确实认真思考过自由落体问题. 他做了一个思想实验：假设有一大一小两个球，被一根很轻很短但很结实的链子连着. 如果大球落地快, 小球落地慢, 那么小球肯定会拖后腿, 这样这个大小球组合会落得比大球慢. 但另一方面, 大小球组合可以看成一个物体, 由于它比大球的质量还大, 大小球组合作为一个整体应该落得更快. 前后矛盾. 智慧过人的伽利略就这样在没有爬上比萨斜塔的情况下证明了大小球落地一样快.

　　伽利略的思想实验虽然非常巧妙, 但是它的适用范围非常有限, 只适用于力和质量成正比的情况. 有兴趣的读者可以试着将伽利略思想实验应用于其他体系, 比如弹簧振子, 你会很快发现伽利略的方法会给出错误的结果. 经典运动的普适规律是牛顿发现的. 让我们站在牛顿 (Isaac Newton, 1643—1727) 的肩膀上①, 用这个科学巨人创立的经典力学重新回顾一下自由落体运动. 根据牛顿第二定律, 力等于质量乘以加速度:

$$F = ma. \tag{3.1}$$

这里 m 是物体的质量, F 是这个物体受到的力, a 是这个物体的加速度. 这个公式清楚地表明, 运动其实和质量紧密相关. 忽略其受到的空气阻力, 一个自由坠落的物体 (比如一个铁球) 只感受到重力 mg, 其中 g 是重力加速度. 根据上面的公式 $F = ma$, 我们有 $a = g$. 所以, 无论物体的质量多大, 它自由落体的加速度都是 g, 和质量无关, 与伽利略的思想实验一致. 从这里我们可以清楚看到, 只有当物体受力和质量成正比时, 它的运动才与质量无关, 一般情况下, 运动和质量密切相关. 伽利略其实是碰巧对了. 在自由落体这个问题上, 伽利略显得高明一些, 他在没有做任何具体计算的情况下就得到了正确的结论. 但是从整体上, 牛顿的方法显然更强大. 他的公式 $F = ma$ 适用于任何经典力学体系, 自由落体只不过是这个理论最简单的应用之一. 即使在自

---

　　① 一般的说法是, 牛顿的生日是 1642 年 12 月 25 日, 但这是老的儒略历 (Julian calender). 按现代历法, 牛顿生于 1643 年 1 月 4 日.

由落体这个问题上，牛顿的理论也能给出更精确和详细的信息，准确描述落体在任何时刻的位置和速度. 下面我们就具体看一下.

假设一个自由落体的初速度是零，初始高度是 x_0，其加速度是常数 g，那么时间 t 后它的速度是多少呢? 加速度是速度的变化率，加速度是常数说明速度的变化是均匀的，所以时间 t 后，$v = -gt$，这里负号表示速度的方向向下. 我们还可以进一步计算这个时刻物体的位置. 初速度是零，t 时刻速度为 $v = -gt$，由于速度以一个恒定的变化率 g 变化，所以这段时间内平均速度的大小是 $\bar{v} = (0 + gt)/2 = gt/2$. 这样这段时间物体下落距离是 $s = \bar{v}t = gt^2/2$. 物体一开始的高度是 x_0，所以 t 时刻物体的高度就是 $x = x_0 - gt^2/2$. 我们于是得到了任意时刻 t 这个落体的位置 x 和速度 v:

$$x = x_0 - gt^2/2 \ , \ v = -gt. \tag{3.2}$$

它们完整地描述了这个物体的运动状态. 这种详细的结果是无法从伽利略的思想实验里得到的.

上面的讨论揭示了一个很显然的事实: 落体在任何时刻都具有确定的位置和速度. 这似乎是理所当然的，一个物体怎么可能在某个时刻不具有确定的位置和速度? 在经典力学里，这确实是不可能的. 我们后面会看到，在量子力学里，情况完全是反的: 一个物体在某个时刻同时具有确定的位置和速度是不可能的.

3.2 相 空 间

尽管自由落体的运动状态和质量无关，我们还是把质量放回去，这样做会给我们带来很多新的认识和理解. 有了质量，我们就可以算一下 t 时刻物体的动能:

$$K = mv^2/2 = mg^2t^2/2 = mg(x_0 - x). \tag{3.3}$$

把（3.3）式最右一项移到左边，我们得到

$$K + mgx = mgx_0. \tag{3.4}$$

由于（3.4）式右边是个常数，我们发现尽管物体的动能会随时间变化，mgx 也会随时间变化，但它们的和却保持不变. 这两项之和就是我们常说的能量 $E = K + mgx$，而 mgx 被称为势能，一般用 $V(x)$ 表示，即 $V(x) = mgx$. 当物体下落时，动能增加，势能减少，但它们的和保持不变，这就是能量守恒. 这个结果可以推广到所有没有摩擦力的系统. 这些系统的能量都能分为动能和势能两部分，在运动过程中，动能和势能会相互转换，但总能量保持不变. 在运动的初始时刻，总能量 $E = mgx_0$. 这表明，初始时刻只有势能没有动能. 另外，从 $E = mgx_0$ 可以看出一个明显的事实：由于初始位置 x_0 可以连续变化，系统的能量也可以连续地变化. 在经典力学里，能量可以连续变化被认为是天经地义的，但在量子力学里，能量可以是离散的.

有了质量，我们还可以定义动量 $p = mv$. 对于普通的物体，动量和速度是两个完全等价的概念. 但是对于物理学家，动量这个概念更基本，因为对于无静止质量的粒子，动量和速度是非常不一样的. 比如光子，不同频率光子的速度大小都是一样的，即光速，但它们具有不同的动量. 利用动量，我们可以将动能重写为 $K = p^2/(2m)$. 现代物理学家非常喜欢把能量 E 的表达式叫作哈密顿量（Hamiltonian），通常用 H 来表示，即写成

$$H = \frac{p^2}{2m} + V(x). \tag{3.5}$$

这样做的理由有很多，其中很重要的一个是，哈密顿量在量子力学中扮演着非常关键的角色，后面我们会看到.

定义了动量之后，我们就可以引入一个研究经典力学的有力工具——相空间. 如图 3.1(a) 所示，以动量和位置分别为竖轴和横轴而构成的空间叫作

相空间. 相空间里的每个点都有确定的坐标和动量, 对应一个运动状态. 对于自由落体运动, 根据能量守恒我们有 $p^2/(2m) + mgx = E$, E 是系统的总能量. 对应每一个位置 x, 我们有一个确定的动量

$$p = -\sqrt{2mE - 2m^2gx}. \tag{3.6}$$

（3.6）式中的负号表示落体的动量 p 总是负的. 上面这个公式代表相空间中的一条运动轨迹. 我们在相空间里 [见图 3.1(a)] 画了两条这样的轨迹, 分别对应不同的初始高度 x_0. 把相空间里的某个点代入哈密顿量, 即 (3.5) 式, 我们就能得到一个能量. 由于能量守恒, 相空间里的一条运动轨迹上每个点对应的能量一定相同, 所以这些轨迹也被称为等能线. 图 3.1(a) 中实线上的每个点都具有同样的能量, 虚线上的每个点也具有一样的能量, 但实线和虚线上点的能量不同, 它们对应 (3.6) 式中不同的 E, 由初始条件确定. 由于 E 可以连续变化, 轨迹可以连续在相空间改变.

图 3.1(a) 展示的是最简单的相空间, 只能用来研究和描述一个在一维空间运动的物体, 其中的曲线是简单的自由落体的运动轨迹. 但是图 3.1(a) 展示了经典运动的很多共同点. 我们看一下图 3.1(a) 中的实线, 在这条轨迹上任意取三个点 A, B, C. 对于中间的 B 点, 它是由 A 点演化而来的, 如果继续往前演化, 一定会到达 C 点. 也就是说, 它的过去和将来都是确定的, 我们既可以回推过去发生的故事也可以准确预测未来. 如果一个物体的经典运动轨迹出现了图 3.1(b), (c) 中的分叉或相交现象, 它的运动就具有不确定性: D 的未来有两种可能性; E 的过去有两种可能性. 在经典力学里, 我们可以在数学上严格证明, 轨迹分叉或相交现象是不可能出现的, 因此经典运动总是有确定的过去和未来.

根据上面的讨论, 我们总结一下经典运动的特征:

（1）在经典运动中, 粒子有确定的运动轨迹, 数学上可以用相空间里的

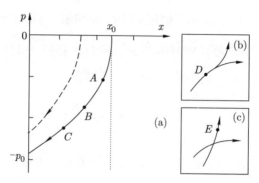

图 3.1   相空间. (a) 自由落体在相空间的两条轨迹, 两条轨迹的初始高度不同. (b),
(c) 相空间中两种不可能的运动轨迹

连续曲线描述. 在运动中的每时每刻, 粒子有确定的位置和动量. 知道现在的
位置和动量, 可以预测将来某个时刻的位置和动量, 或反推过去某个时刻的
位置和动量. 这体现于相空间中描述粒子运动轨迹的曲线不会分叉.

（2）粒子的能量是连续的.

（3）如果一个系统有两个粒子, 我们需要确定每个粒子的动量和位置才
能确定系统的运动状态. 也就是说我们需要确定四个变量: 粒子 1 的动量和
位置 p_1, x_1 以及粒子 2 的动量和位置 p_2, x_2. 这时相空间是四维的. 以此类推,
一个有 n 个粒子的系统, 如果每个粒子在 d 维空间运动, 这个系统相空间的
维数是 $2dn$. 所以相空间的维数是随粒子的个数线性增长的.

另外, 日常经验告诉我们, 位置和速度都是可以直接测量的变量, 而且对
它们的同时测量互不影响. 人类和动物的眼睛可以相当准确地判定一个物体当
时的位置和速度; 高速公路上的监测器可以准确地记录下你的车在什么地点
超了多少速; 地面控制中心可以精确地知道每颗卫星在某个时刻的位置和速
度. 这些经验告诉我们:

（1）描述经典运动的变量——位置和动量, 可以在实验上被直接观测.

（2）对位置和动量的测量结果是确定的.

（3）同一时刻对位置和动量进行测量，两种测量原则上互不影响.

以上这些经典力学的特征长期以来被认为是理所当然和不证自明的，就像欧几里得几何的前四个公理. 学习经典力学时，老师和教科书都不会强调这些特征. 由于这个原因，很多人学了很久经典物理后都不会注意到经典物理的这些特征. 在量子力学出现以前，物理学家们也没有特别关注这些特征，对它们视而不见. 在量子力学里，这些特征会全部消失：描述运动状态的变量不能被实验直接测量；一个粒子不能同时具有确定的位置和动量；测量的结果不再确定；能量可以是离散的；等等. 建议读者在读完第八章后，重新回来看看这些特征，体会一下它们是怎样在量子力学里被颠覆的.

3.3 速度和加速度的微分表达

经典力学里速度和加速度概念和微积分是密不可分的，牛顿就是在思考速度和加速度时发明了微积分. 我们现在利用自由落体这个简单的例子来展示一下如何用微分来表达速度和加速度. 时刻 t 的位置是 $x = x_0 - gt^2/2$, 时刻 $t + \delta t$ 的位置是 $x' = x_0 - g(t + \delta t)^2/2$, 于是时刻 t 和 $t + \delta t$ 之间，物体的位移是

$$\delta x = x' - x = x_0 - g(t + \delta t)^2/2 - x_0 + gt^2/2 = -gt\delta t - g\delta t^2/2, \quad (3.7)$$

平均速度是

$$\tilde{v} = \frac{\delta x}{\delta t} = -gt - g\delta t/2. \quad (3.8)$$

想象一个极限过程，让 δt 越来越小趋近于零，这时我们会发现 $\tilde{v}$ 趋近 $v = -gt$, 即 t 时刻的速度. 这个极限就是数学上的微分（严格说是"微商"）. 用常见的微分符号，有

$$v = \frac{\mathrm{d}x}{\mathrm{d}t} \approx \frac{\delta x}{\delta t}. \quad (3.9)$$

所以速度是位置对时间的微分. 同样道理, 加速度是速度对时间的微分:

$$a = \frac{\mathrm{d}v}{\mathrm{d}t}. \tag{3.10}$$

利用微分, 我们可以改写牛顿的第二定律:

$$F = ma = m\frac{\mathrm{d}v}{\mathrm{d}t} = \frac{\mathrm{d}p}{\mathrm{d}t}. \tag{3.11}$$

这个式子表明力导致动量随时间改变. 下面是四个非常基本的关于三角函数的微分公式:

$$\frac{\mathrm{d}\sin(t)}{\mathrm{d}t} = \cos(t) \ , \ \frac{\mathrm{d}\cos(t)}{\mathrm{d}t} = -\sin(t); \tag{3.12}$$

$$\frac{\mathrm{d}\sin(\omega t)}{\mathrm{d}t} = \omega\cos(\omega t) \ , \ \frac{\mathrm{d}\cos(\omega t)}{\mathrm{d}t} = -\omega\sin(\omega t). \tag{3.13}$$

如果你已经学过微积分, 这些公式很基本. 如果没学过, 你就当乘法表一样记下来, 下节讨论时需要这些公式.

3.4　简谐振子

再举一个经典运动的例子. 这次我们直接从相空间入手. 我们在图 3.2 的相空间中画一个以原点为圆心的圆. 当物体动量 (或速度) 为正时, 它的位置 x 会变大, 所以如果这个圆代表一条运动轨迹, 物体将沿圆顺时针转动. 假设物体沿圆以角速度 ω 转动. 如果物体一开始在 A 点, 那么时间 t 后会运动到 B 点, 这时它的位置和动量分别是

$$x = x_0\cos(\omega t) \ , \ p = -p_0\sin(\omega t). \tag{3.14}$$

这个相空间里的圆代表一条物理上合理的运动轨迹吗? 让我们来看一下.

前面说了速度是位置对时间的微分, 利用上节列出的微分公式, 有

$$v = \frac{\mathrm{d}x}{\mathrm{d}t} = -x_0\omega\sin(\omega t). \tag{3.15}$$

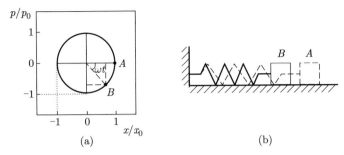

图 3.2 简谐振子. (a) 相空间；(b) 示意图（忽略摩擦力）. A 是起始点，时间 t 后运动到 B 点，ω 是振动频率

如果物体的质量是 m, 那它的动量是

$$p = mv = -mx_0\omega\sin(\omega t). \tag{3.16}$$

只要 $p_0 = m\omega x_0$, 这个结果就和前面的结果 $p = -p_0\sin(\omega t)$ 一致，这时方程 (3.14) 确实描述了一个物理上合理的运动. 运用牛顿第二定律可以进一步了解这个物体的受力情况. 利用上节列的微分公式，有

$$F = \frac{\mathrm{d}p}{\mathrm{d}t} = -p_0\omega\cos(\omega t) = -p_0\omega x/x_0 = -m\omega^2 x, \tag{3.17}$$

所以这个物体受力的大小和它离平衡点的距离成正比，负号则表示这个力指向平衡点. 这正是弹簧振子（又称简谐振子）的运动 [见图 3.2(b)].

我们也可以写出这个简谐振子的哈密顿量. 利用三角函数公式 $\sin^2\theta + \cos^2\theta = 1$, 有

$$\frac{p^2}{p_0^2} + \frac{x^2}{x_0^2} = 1. \tag{3.18}$$

将 $p_0 = mx_0\omega$ 代入（3.18）式，我们得到

$$\frac{p^2}{2m} + \frac{1}{2}m\omega^2 x^2 = \frac{1}{2}m\omega^2 x_0^2. \tag{3.19}$$

（3.19）式两边都是能量. 由于右边 $E = m\omega^2 x_0^2/2$ 是一个常数，所以（3.19）

式表示简谐振子的能量守恒, 而左边就是简谐振子的哈密顿量

$$H = \frac{p^2}{2m} + \frac{1}{2}m\omega^2 x^2. \tag{3.20}$$

和 (3.5) 式对比, 我们发现 $V(x) = \frac{1}{2}m\omega^2 x^2$, 这是简谐振子的势能.

3.5　旧量子理论

在简谐振子的能量公式 (3.19) 中, 右边的 x_0 是振子偏离平衡点最大的距离. 对应每一个 x_0, (3.19) 式在相空间给出一条轨迹. 在经典力学里, x_0 允许从零连续变到无穷大, 相应的轨迹会充满整个相空间. 但是根据玻尔和索末菲发展出来的旧量子理论, 只有一些满足量子化规则的轨道[②]才是允许的. 玻尔和索末菲的量子化规则是: 量子化轨道在相空间围出的面积 S 是普朗克常数 h 的整数倍.

对于熟悉微积分的读者, 上面这个规则可以在数学上写成

$$S = \oint p\mathrm{d}x = nh, \qquad n = 1, 2, 3, \cdots. \tag{3.21}$$

很显然这些量子化轨道是离散的 [见图 3.3(a)].

现在我们将这个量子理论应用到简谐振子. 对于一个给定的 x_0, 其对应轨迹围成的面积是

$$S = \pi p_0 x_0 = \pi m x_0^2 \omega = 2\pi E/\omega, \tag{3.22}$$

这里 $E = m x_0^2 \omega^2/2$ 是振子能量. 如果这个 E 对应第 n 个量子化的能级 E_n, 那么应该有

$$2\pi E_n/\omega = nh. \tag{3.23}$$

我们于是得到 ($\hbar = \dfrac{h}{2\pi}$)

$$E_n = n\hbar\omega. \tag{3.24}$$

---

②　在量子力学里, 人们习惯把轨迹称作轨道.

这就是量子化的简谐振子能级. 对于每个离散的能级 E_n, 在相空间都对应有一条经典轨迹, 我们示意性地在图 3.3(a) 中画了三条这样的轨迹. 这些轨迹就是量子化的轨道. 按照玻尔和索末菲的量子理论, 其他轨迹都是不允许的. 把玻尔和索末菲的量子化规则应用到氢原子, 就能得到氢原子的能级和量子化轨道. 由于数学有些繁杂, 我们就不仔细讨论了.

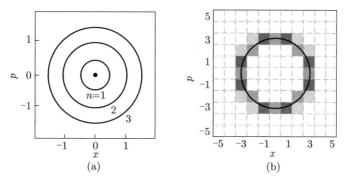

图 3.3　(a) 相空间中量子化的简谐振子轨道示意图; (b) 量子相空间和简谐振子本征波函数. 在经典相空间中, 每个点代表一个运动状态; 在量子相空间中, 每一个小方格代表一个量子态. 每个小方格的面积是普朗克常数 h. 它们通常被称为普朗克相格. 相格的颜色越深, 波函数在该相格的取值越大. 其中的黑色圆圈是相应的玻尔–索末菲量子化轨道. (b) 中结果来自 [Fang Y, Wu F, and Wu B. J. Stat. Mech., 2018: 023113]. 注意: 我们已经通过适当选择 x, p 的单位使得简谐振子的轨迹是圆的

在现代量子理论里, 可以通过求解薛定谔方程来获得能级, 每个能级对应一个本征波函数. 由于解薛定谔方程超越了本书的范围, 我们在这里直接给出一些结果, 给读者留下一些感性认识. 依然用简谐振子作为例子. 按照现代量子理论, 用薛定谔方程计算出来的能级是

$$E_n = (n + \frac{1}{2})\hbar\omega, \ n = 0, 1, 2, \cdots, \tag{3.25}$$

和前面的结果 (3.24) 差 $\hbar\omega/2$. 关于这个差别的解释也超越了本书的范围. 图 3.3(b) 在相空间里展示了简谐振子的第 30 个能级对应的本征波函数. 根据现代量子理论, 一个粒子不能同时具有确定的动量和位置, 所以一个量子态不

再对应相空间的一个点，而是对应一个小方格，方格的大小是普朗克常数 h.
在图 3.3(b) 中，相空间被分成了很多小方格，它们通常被称为普朗克相格.
在每个普朗克相格上波函数有一个取值. 格子颜色越深波函数取值越大. 图
3.3(b) 中的黑色圆圈是对应的按旧量子理论算出的量子化轨道，我们看到波
函数集中分布在这个轨道附近. 在第六章，我们将对薛定谔方程和本征波函数
有更详细的讨论.

第四章　复数和线性代数

相对于经典力学和旧的量子理论，由海森堡和薛定谔等建立的新量子理论不但在概念上有颠覆性的变化，而且它的整个理论框架需要利用经典力学中很少用到的数学——复数和线性代数. 在本章我们简单介绍复数和线性代数，为后面讲述量子力学做好数学准备.

4.1　复　　数

人类关于数的概念来自生活. 无须查阅准确的历史记录，我们大致就能想象整数、分数和负数是怎么起源的. 最初，男人需要记录猎获了多少猎物，女人需要记录采摘了多少果实，这让人们有了整数的概念. 当人们分享东西的时候，自然就有了分数的概念. 随着历史的发展，社会中有了商业和税收等活动，人类开始使用负数来记录欠债和欠税. 在中国古代，红色算筹表示正数、黑色算筹表示负数.

无理数代表着人类对数的认识的一次质的飞跃，是人类理性和抽象思维的一个伟大胜利. 无论是过去、现在还是未来，我们日常生活中只会碰到整数、分数和负数（或等价地，有理数）. 在实际测量中，无论精度多高，测量结果只能是一个有理数；在工程计算中，虽然工程师会用 π 等无理数，但他们最后交给制造者的参数只能是有理数；由于比特数量有限，任何计算机也只能处理有理数.

古希腊哲学家希帕索斯（Hippasus, 大约公元前 5 世纪）对等腰直角三角形斜边的长度产生了兴趣. 经过仔细的思考，他发现斜边长度和直边长度之比不可能是一个有理数. 注意，希帕索斯不是在测量斜边长度时做出这个发现的，而是通过理性和抽象思考发现的. 如果他去测量，反而发现不了无理数. 希帕索斯是毕达哥拉斯学派的门徒，而毕达哥拉斯学派坚信世界总是可以表达成整数或整数之比. 希帕索斯的发现击碎了这个 "至高" 的信仰，为此受到了惩罚. 按照流行的传说，希帕索斯被扔进大海淹死了. 也有一种说法，希帕索斯只是被逐出了毕达哥拉斯学派.

虚数（imaginary number）的发现同样来自理性思考. 古希腊数学家和工程师亚历山大的希罗（Hero of Alexandria, 大约 10 — 70）在思考诸如方程 $x^2 + 1 = 0$ 的根时发现了虚数①. 可能是因为社会进步了，希罗没有为此受到任何不公正待遇. 但是在非常长的一段时间内，不但普通人，就连数学家都认为虚数没有任何意义和用途. 虚数这个名字正是反映了人们对它的长期蔑视态度：这种数是虚构的. 直到大数学家欧拉（Leonhard Euler, 1707 — 1783）对它深入研究后，人们才开始重视它. 欧拉用 i 来标记 $\sqrt{-1}$，也就是 $i^2 = -1$. 这个符号沿用至今. 对于任意的实数 x 和 y，我们把 yi 叫作虚数，把 $x + yi$ 叫作复数. 在后面的章节，我们会看到量子力学就是用复数或成组的复数来描述这个五彩缤纷的世界. 伟大的希罗和欧拉虽然才能出众、思想活跃，但他们一定没有想到自然界就是由复数描述的.

任意一个复数 $z = x + yi$ 可以形象地表示成复平面上的一个向量 (x, y)（见图 4.1）. 按照惯例，复平面的横轴是实数轴，竖轴是虚数轴. 一个复数 $z = x + yi$ 的实部 x 就是横轴的坐标，虚部 y 就是竖轴的坐标. 和其他向量一样，复数 z 不但具有长度，还有方向（即角度）. 按照图 4.1 所示，复数 z 的长度是 $r = \sqrt{x^2 + y^2}$，它的角度 θ 满足 $\tan\theta = y/x$. 我们称 r 为复数 z 的模，记作 $r = |z|$；θ 为复数 z 的幅角，记作 $\theta = \arg(z)$.

---

① 参见两本书: Hargittai I. Fivefold Symmetry. 2nd ed. World Scientific, 1992. Roy S C. Complex Numbers: Lattice Simulation and Zeta Function Applications. Horwood, 2007.

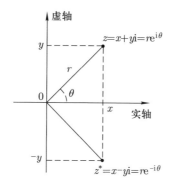

图 4.1 复数. x 是实部, y 是虚部, r 是模, θ 是幅角, z^* 是 z 的复共轭

虚数和复数的算术运算规则如下（以下公式中的 $x_{1,2}$ 和 $y_{1,2}$ 都是实数）：

虚数加法：$x_1\mathrm{i} + x_2\mathrm{i} = (x_1 + x_2)\mathrm{i}$. 举例：$-5\mathrm{i} + 2\mathrm{i} = -3\mathrm{i}$.

虚数乘法：$(y_1\mathrm{i}) \times (y_2\mathrm{i}) = (y_1 \times y_2) \times (\mathrm{i} \times \mathrm{i}) = -y_1 y_2$. 举例：$-3\mathrm{i} \times 2\mathrm{i} = 6$.

虚数除法：$(y_1\mathrm{i}) \div (y_2\mathrm{i}) = y_1 \div y_2 = y_1/y_2$. 举例：$3\mathrm{i} \div 5\mathrm{i} = 3/5$.

复数加法：$z_1 + z_2 = (x_1 + y_1\mathrm{i}) + (x_2 + y_2\mathrm{i}) = (x_1 + x_2) + (y_1 + y_2)\mathrm{i}$. 举例：$(4.2 + 5\mathrm{i}) + (2.1 - 2.3\mathrm{i}) = 6.3 + 2.7\mathrm{i}$.

复数乘法：$z_1 \times z_2 = (x_1 + y_1\mathrm{i}) \times (x_2 + y_2\mathrm{i}) = x_1 x_2 + x_1 y_2\mathrm{i} + (y_1\mathrm{i})x_2 + (y_1\mathrm{i}) \times (y_2\mathrm{i}) = x_1 x_2 - y_1 y_2 + (x_1 y_2 + x_2 y_1)\mathrm{i}$. 举例：$(3 + 4\mathrm{i}) \times (3 + 4\mathrm{i}) = 9 + 12\mathrm{i} + 12\mathrm{i} - 16 = -7 + 24\mathrm{i}$；$(3 + 4\mathrm{i}) \times (3 - 4\mathrm{i}) = 9 - 12\mathrm{i} + 12\mathrm{i} + 16 = 25$.

复数除法稍微有些复杂. 两个复数相除 $z_1 \div z_2$ 等价于 $z_1 \times \dfrac{1}{z_2}$. 由于 z_2 的逆（或倒数）

$$\frac{1}{z_2} = \frac{1}{x_2 + \mathrm{i}y_2} = \frac{x_2 - \mathrm{i}y_2}{(x_2 + \mathrm{i}y_2)(x_2 - \mathrm{i}y_2)} = \frac{x_2 - \mathrm{i}y_2}{x_2^2 + y_2^2}, \tag{4.1}$$

有

$$z_1 \div z_2 = \frac{x_1 + \mathrm{i}y_1}{x_2 + \mathrm{i}y_2} = \frac{x_1 x_2 + y_1 y_2 + \mathrm{i}(x_2 y_1 - x_1 y_2)}{x_2^2 + y_2^2}. \tag{4.2}$$

注意：实数和虚数的运算规则是复数运算规则的特例.

复数有一个实数没有的运算 —— 共轭. 复数 $z = x + y\mathrm{i}$ 的共轭是

$z^* = (x + yi)^* = x - yi$. 从图 4.1 中可以看出，复数 z 和它的共轭是关于实轴对称的. 显然，$z^*z = |z|^2$.

我们介绍一个特殊但非常有用的复数

$$e^{i\theta} = \cos\theta + i\sin\theta. \tag{4.3}$$

这里实数 θ 是一个角度. 如果学过复变函数，你自然知道上式成立；如果没学过，你就接受它并把它当作一个基本事实来用. 对于一个任意的复数，我们总是有

$$z = x + yi = \sqrt{x^2 + y^2}\left(\frac{x}{\sqrt{x^2 + y^2}} + \frac{y}{\sqrt{x^2 + y^2}}i\right). \tag{4.4}$$

令 $r = \sqrt{x^2 + y^2}$ 和 $\cos\theta = x/\sqrt{x^2 + y^2}$，我们便得到

$$z = re^{i\theta}, \tag{4.5}$$

其中 r 就是前面已经提到的 z 的模 $|z|$，而 θ 则是 z 的幅角. 物理学家喜欢把 θ 称作相角或相位. 上面这个公式可以看作复数的另外一种表示方法. 利用这种方式很容易计算复数 z 的倒数或逆：$z^{-1} = 1/z = e^{-i\theta}/r$. 而 z 的复共轭则可以写成 $z^* = re^{-i\theta}$.

我们后面会有很多机会看到复数在量子力学中的应用，这里提两个简单的复数在数学里的运用.

（1）利用 $e^{i(\theta_1+\theta_2)} = e^{i\theta_1}e^{i\theta_2}$ 和(4.3)式，可以推导出大家熟悉的三角函数公式：

$$\sin(\theta_1 + \theta_2) = \sin(\theta_1)\cos(\theta_2) + \cos(\theta_1)\sin(\theta_2), \tag{4.6}$$

$$\cos(\theta_1 + \theta_2) = \cos(\theta_1)\cos(\theta_2) - \sin(\theta_1)\sin(\theta_2). \tag{4.7}$$

（2）我们都知道一元二次方程 $ax^2 + bx + c = 0$ 的根是

$$x_\pm = \frac{-b \pm \sqrt{b^2 - 4ac}}{2a}. \tag{4.8}$$

中学数学老师会告诉你, 如果 $b^2 < 4ac$, 这个方程没有解. 有了复数以后, 我们看到一元二次方程永远有两个解: 当 $b^2 < 4ac$ 时, 这个方程只是没有实数解, 其实有两个复数解. 希罗正是在解这类方程时发现了复数.

4.2　线 性 代 数

线性代数是对坐标、向量以及向量的变换等数学概念的推广和系统化. 我们先介绍线性空间, 然后讨论线性空间中向量间的变换, 即矩阵.

4.2.1　线性空间

我们先回顾一下二维平面里的向量. 在选定坐标轴后, 平面上每个点都可以用两个实数坐标 x 和 y 来表示, 从原点指向这个点的向量可表达成

$$\boldsymbol{r} = (x, y). \tag{4.9}$$

这些向量具有一些为人熟知而且显而易见的性质.

（1）向量乘以一个常数后会变成另外一个向量:

$$\boldsymbol{r}' = a\boldsymbol{r} = a(x, y) = (ax, ay). \tag{4.10}$$

常数 a 一般被称为标量. 如果 $a = -1$, 向量 $\boldsymbol{r}'$ 和向量 $\boldsymbol{r}$ 正好反向；如果 $0 < a < 1$, 相对于 $\boldsymbol{r}$, 向量 $\boldsymbol{r}'$ 方向不变, 长度缩短；如果 $a > 1$, 相对于 $\boldsymbol{r}$, 向量 $\boldsymbol{r}'$ 方向不变, 长度变长.

（2）两个向量相加给出另外一个向量:

$$\boldsymbol{r}_1 + \boldsymbol{r}_2 = (x_1, y_1) + (x_2, y_2) = (x_1 + x_2, y_1 + y_2). \tag{4.11}$$

（3）两个向量间的点乘定义为

$$\boldsymbol{r}_1 \cdot \boldsymbol{r}_2 = (x_1, y_1) \cdot (x_2, y_2) = x_1 x_2 + y_1 y_2. \tag{4.12}$$

点乘非常有用. 考察一个向量 $\boldsymbol{r} = (x, y)$ 和自己的点乘

$$\boldsymbol{r} \cdot \boldsymbol{r} = x^2 + y^2, \tag{4.13}$$

这正是向量 $\boldsymbol{r}$ 长度的平方. 所以我们可以利用点乘来计算向量的长度. 如果有两个长度为 1 的向量, $\boldsymbol{r}_1$ 和 $\boldsymbol{r}_2$, 那么有

$$\boldsymbol{r}_1 \cdot \boldsymbol{r}_2 = \cos\theta, \tag{4.14}$$

其中 θ 是 $\boldsymbol{r}_1$ 和 $\boldsymbol{r}_2$ 间的夹角. 如果 $\theta = \pi/2$, 那么 $\boldsymbol{r}_1 \cdot \boldsymbol{r}_2 = 0$, 即 $\boldsymbol{r}_1$ 和 $\boldsymbol{r}_2$ 相互垂直.

数学家基于上面这些性质对二维向量进行了推广, 提出了线性空间（也被称作向量空间）的概念. 上面介绍向量时, 我们是先有一个二维空间, 建立坐标系, 然后用空间任意点的坐标来定义向量. 数学家们把思路颠倒了一下, 他们说空间其实是由点构成的, 定义了点和它们间的关系就定义了空间, 而不是先有空间再有点.

我们以二维线性空间为例介绍数学家具体是怎样做的. 假设有一组 "点" 的集合, 每个 "点" 有两个分量, 我们把它记成 "列" 向量的形式:

$$\begin{pmatrix} x \\ y \end{pmatrix}. \tag{4.15}$$

这样的 "点" 和常数 a 间的乘法定义为

$$a \begin{pmatrix} x \\ y \end{pmatrix} = \begin{pmatrix} ax \\ ay \end{pmatrix}. \tag{4.16}$$

"点" 和 "点" 之间的加法定义为

$$\begin{pmatrix} x_1 \\ y_1 \end{pmatrix} + \begin{pmatrix} x_2 \\ y_2 \end{pmatrix} = \begin{pmatrix} x_1 + x_2 \\ y_1 + y_2 \end{pmatrix}. \tag{4.17}$$

数学家说所有满足以上两种关系的具有两个分量的"点"就构成了一个二维线性空间,而空间中的每个"点"被称作向量,常数 a 则被称作标量[2]. 和我们一开始回顾的二维向量相比,最重要的是数学家换了思路,先定义"点"再定义空间,其次是把向量的表达形式改了. (4.15) 式这种表达向量的方式为引进矩阵提供了方便,我们后面会介绍.

为了描述向量的长度和不同向量间的角度关系,数学家还需要定义前面介绍过的点乘. 为此,他们引入了行向量的概念. 他们把公式 (4.15) 中的向量叫作列向量,与其共轭的"行"向量是

$$(x, y). \tag{4.18}$$

一个行向量和列向量间按如下规则相乘:

$$(x_1, y_1) \begin{pmatrix} x_2 \\ y_2 \end{pmatrix} = x_1 x_2 + y_1 y_2, \tag{4.19}$$

即行向量的两个分量和列向量的两个分量分别相乘后再相加. 两个向量

$$\begin{pmatrix} x_1 \\ y_1 \end{pmatrix}, \ \begin{pmatrix} x_2 \\ y_2 \end{pmatrix} \tag{4.20}$$

间的"点乘"被定义为,先将其中一个变为对应的共轭行向量,然后按公式 (4.19) 相乘. 数学家还为"点乘"取了另外一个名字——内积. 利用内积,我们可以计算一个向量的长度 r:

$$r^2 = (x, y) \begin{pmatrix} x \\ y \end{pmatrix} = x^2 + y^2. \tag{4.21}$$

数学家这样重新理解二维向量当然不只是为了好玩,主要是为了将向量及相关概念推广. 首先可以推广维度,考虑有 n 个分量的向量,并类似地定

---

② 在线性空间的严格定义里,数学家们还要求这些乘法和加法满足一些显而易见的关系,比如向量 1 加向量 2 等于向量 2 加向量 1. 在本书里,我们不讲究这些数学的严格性,有兴趣的读者可以参考正规的线性代数教材.

义相关的乘法和加法，这样就会得到一个 n 维线性空间. 比如，对于有 4 个分量的向量，我们可以类似地定义它们间的加法

$$
\begin{pmatrix} a_1 \\ b_1 \\ c_1 \\ d_1 \end{pmatrix} + \begin{pmatrix} a_2 \\ b_2 \\ c_2 \\ d_2 \end{pmatrix} = \begin{pmatrix} a_1 + a_2 \\ b_1 + b_2 \\ c_1 + c_2 \\ d_1 + d_2 \end{pmatrix} \tag{4.22}
$$

和内积

$$
(a_1, b_1, c_1, d_1) \begin{pmatrix} a_2 \\ b_2 \\ c_2 \\ d_2 \end{pmatrix} = a_1 a_2 + b_1 b_2 + c_1 c_2 + d_1 d_2. \tag{4.23}
$$

其次我们可以利用复数来推广线性空间. 在前面的讨论中，无论是向量的每个分量还是标量都是实数. 我们将它们推广为复数，这样就得到了一类非常重要的线性空间 —— 希尔伯特空间. 量子力学认为整个大自然就是生活在希尔伯特空间里.

4.2.2   希尔伯特空间

为了简单起见，我们先考虑二维希尔伯特空间. 组成这个空间的向量有两个分量，我们把它记成如下形式：

$$
|\psi\rangle = \begin{pmatrix} a \\ b \end{pmatrix}, \tag{4.24}
$$

这里 a 和 b 都是复数. 在（4.24）式中，我们引入了狄拉克的符号，把希尔伯特空间中的向量表示成了 $|\psi\rangle$. 符号 "$|\ \rangle$" 读作 "ket". 引入狄拉克符号有两个目的：首先是为了简洁，因为高维度希尔伯特空间里向量有很多个分量，绝大多数情况下，没有必要把它的分量一一列出. 其次，这样可以和后面量子力学里的符号自然衔接.

向量 $|\psi\rangle$ 和一个常数的相乘为

$$c|\psi\rangle = c \begin{pmatrix} a \\ b \end{pmatrix} = \begin{pmatrix} ca \\ cb \end{pmatrix}, \tag{4.25}$$

这里 c 是一个复数. 对于二维希尔伯特空间中的两个向量

$$|\psi_1\rangle = \begin{pmatrix} a_1 \\ b_1 \end{pmatrix} \,,\; |\psi_2\rangle = \begin{pmatrix} a_2 \\ b_2 \end{pmatrix}, \tag{4.26}$$

它们的相加定义为

$$|\psi_1\rangle + |\psi_2\rangle = \begin{pmatrix} a_1 \\ b_1 \end{pmatrix} + \begin{pmatrix} a_2 \\ b_2 \end{pmatrix} = \begin{pmatrix} a_1 + a_2 \\ b_1 + b_2 \end{pmatrix}. \tag{4.27}$$

由于复数的原因, 希尔伯特空间里的共轭行向量有些特别. 对应于列向量 $|\psi\rangle$, 它的共轭行向量定义为

$$\langle\psi| = (a^*, b^*). \tag{4.28}$$

注意这个行向量的两个分量分别是其对应的列向量的复共轭. 符号 "$\langle\,|$" 读作 "bra"③. 对于前面给出的两个向量 $|\psi_1\rangle$, $|\psi_2\rangle$, 它们之间的内积被定义为

$$\langle\psi_1|\psi_2\rangle = (a_1^*, b_1^*) \begin{pmatrix} a_2 \\ b_2 \end{pmatrix} = a_1^* a_2 + b_1^* b_2. \tag{4.29}$$

请注意,

$$\langle\psi_2|\psi_1\rangle = (a_2^*, b_2^*) \begin{pmatrix} a_1 \\ b_1 \end{pmatrix} = a_2^* a_1 + b_2^* b_1 \neq \langle\psi_1|\psi_2\rangle. \tag{4.30}$$

两个向量的内积次序是重要的, $\langle\psi_1|\psi_2\rangle$ 和 $\langle\psi_2|\psi_1\rangle$ 一般不相等, 而是互为复共轭:

$$\langle\psi_1|\psi_2\rangle = \langle\psi_2|\psi_1\rangle^*. \tag{4.31}$$

---

③ "$\langle\,|$" 和 "$|\,\rangle$" 的读法来自英文单词 bracket, 将它拆开去掉在发音上不重要的 c, 正好是 "bra" 和 "ket".

仅当两个向量的内积是实数时，才会有 $\langle\psi_1|\psi_2\rangle = \langle\psi_2|\psi_1\rangle$. 如果 $\langle\psi_1|\psi_2\rangle = 0$，我们说向量 $|\psi_1\rangle$ 和向量 $|\psi_2\rangle$ 正交. 一个向量 $|\psi\rangle$ 的长度 r 定义为这个向量和自己内积的平方根，即

$$r = \sqrt{\langle\psi|\psi\rangle} = \sqrt{|a|^2 + |b|^2}. \tag{4.32}$$

我们在回顾二维向量的时候，提到要先建立坐标系，然后才能给出一个向量的分量. 在一般的线性空间，包括希尔伯特空间里，我们也需要先建立"坐标系"，然后才能确定向量的分量. 这个"坐标系"就是线性空间的基. 二维希尔伯特空间有两个基. 我们前面写 $|\psi\rangle$ 的分量时其实隐含着在使用如下两个基：

$$|e_1\rangle = \begin{pmatrix} 1 \\ 0 \end{pmatrix}, \; |e_2\rangle = \begin{pmatrix} 0 \\ 1 \end{pmatrix}. \tag{4.33}$$

利用这两个基，向量 $|\psi\rangle$ 可以写成

$$|\psi\rangle = a|e_1\rangle + b|e_2\rangle. \tag{4.34}$$

直接计算可以验证如下关系：

$$\langle e_1|e_1\rangle = \langle e_2|e_2\rangle = 1, \; \langle e_1|e_2\rangle = \langle e_2|e_1\rangle = 0. \tag{4.35}$$

所以这两个基的长度是 1，还互相正交. 我们把这种基叫作正交归一基.

坐标系的选择不是唯一的，一个坐标系经过旋转以后会成为另外一个坐标系（见图 4.2）. 同样道理，我们可以通过某种"旋转"得到另外一套正交归一基. 希尔伯特空间中的"旋转"在数学上由马上要介绍的幺正矩阵表示，一般情况下会涉及复数. 比如下面这套二维希尔伯特空间的正交归一基 $|\tilde{e}_1\rangle$ 和 $|\tilde{e}_2\rangle$：

$$|\tilde{e}_1\rangle = \frac{1}{\sqrt{2}}(|e_1\rangle + \mathrm{i}|e_2\rangle), \; |\tilde{e}_2\rangle = \frac{1}{\sqrt{2}}(|e_1\rangle - \mathrm{i}|e_2\rangle). \tag{4.36}$$

它们可以看成是由 $|e_1\rangle$ 和 $|e_2\rangle$ "旋转" 而得，但（4.36）式里有复数，所以这种 "旋转" 和实空间中的旋转并不完全一样，内容更丰富. 通过直接计算，我们可以验证

$$\langle \tilde{e}_1|\tilde{e}_1\rangle = \langle \tilde{e}_2|\tilde{e}_2\rangle = 1 \, , \ \langle \tilde{e}_1|\tilde{e}_2\rangle = \langle \tilde{e}_2|\tilde{e}_1\rangle = 0. \tag{4.37}$$

在这套新的正交归一基下，有

$$|\psi\rangle = a|e_1\rangle + b|e_2\rangle = \frac{a-\mathrm{i}b}{\sqrt{2}}|\tilde{e}_1\rangle + \frac{a+\mathrm{i}b}{\sqrt{2}}|\tilde{e}_2\rangle. \tag{4.38}$$

任意两个正交归一的向量都可以用作二维希尔伯特空间的基.

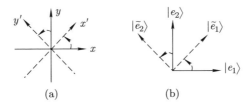

(a)   (b)

图 4.2 正交归一基的变换. (a) 实空间中二维坐标系的旋转；(b) 二维希尔伯特空间中正交归一基的 "旋转"

以上这些结果都可以直截了当地推广到 n 维希尔伯特空间. 考虑 n 维希尔伯特空间里两个向量

$$|\phi\rangle = \begin{pmatrix} a_1 \\ a_2 \\ a_3 \\ \vdots \\ a_n \end{pmatrix} \, , \ |\psi\rangle = \begin{pmatrix} b_1 \\ b_2 \\ b_3 \\ \vdots \\ b_n \end{pmatrix}. \tag{4.39}$$

向量 $|\phi\rangle$ 和常数 c 的乘积是

$$c|\phi\rangle = c\begin{pmatrix} a_1 \\ a_2 \\ a_3 \\ \vdots \\ a_n \end{pmatrix} = \begin{pmatrix} ca_1 \\ ca_2 \\ ca_3 \\ \vdots \\ ca_n \end{pmatrix}. \tag{4.40}$$

这两个向量的和是

$$|\phi\rangle + |\psi\rangle = \begin{pmatrix} a_1 \\ a_2 \\ a_3 \\ \vdots \\ a_n \end{pmatrix} + \begin{pmatrix} b_1 \\ b_2 \\ b_3 \\ \vdots \\ b_n \end{pmatrix} = \begin{pmatrix} a_1 + b_1 \\ a_2 + b_2 \\ a_3 + b_3 \\ \vdots \\ a_n + b_n \end{pmatrix}. \tag{4.41}$$

向量 $|\phi\rangle$ 和向量 $|\psi\rangle$ 的内积是

$$\langle\phi|\psi\rangle = (a_1^*, a_2^*, a_3^*, \cdots, a_n^*) \begin{pmatrix} b_1 \\ b_2 \\ b_3 \\ \vdots \\ b_n \end{pmatrix} = a_1^* b_1 + a_2^* b_2 + a_3^* b_3 + \cdots + a_n^* b_n. \tag{4.42}$$

n 维希尔伯特空间的正交归一基有 n 个，最自然的取法是

$$|e_1\rangle = \begin{pmatrix} 1 \\ 0 \\ 0 \\ \vdots \\ 0 \end{pmatrix}, \ |e_2\rangle = \begin{pmatrix} 0 \\ 1 \\ 0 \\ \vdots \\ 0 \end{pmatrix}, \ |e_3\rangle = \begin{pmatrix} 0 \\ 0 \\ 1 \\ \vdots \\ 0 \end{pmatrix}, \ \cdots, \ |e_n\rangle = \begin{pmatrix} 0 \\ \vdots \\ 0 \\ 0 \\ 1 \end{pmatrix}. \tag{4.43}$$

用这套正交归一基表达 $|\phi\rangle$，有

$$|\phi\rangle = a_1|e_1\rangle + a_2|e_2\rangle + a_3|e_3\rangle + \cdots + a_n|e_n\rangle = \sum_{j=1}^{n} a_j|e_j\rangle. \tag{4.44}$$

在上式的最后我们引进了求和号 $\sum\limits_{j=1}^{n}$，它表示从 $j=1$ 求和到 $j=n$. $|\phi\rangle$ 的共轭向量可以表达为

$$\langle\phi| = \sum_{j=1}^{n} a_j^* \langle e_j|. \tag{4.45}$$

$|\phi\rangle$ 和 $|\psi\rangle$ 的内积是

$$\langle\phi|\psi\rangle = \left(\sum_{j=1}^{n} a_j^* \langle e_j|\right)\left(\sum_{k=1}^{n} b_k |e_k\rangle\right) = \sum_{i=1}^{n} a_i^* b_i. \tag{4.46}$$

为了得到上式中的第二个等号，我们运用了

$$\langle e_j|e_j\rangle = 1\,, \ \langle e_j|e_k\rangle = 0 \ (j \neq k). \tag{4.47}$$

4.2.3　矩阵

　　在正式介绍矩阵前，我们还是先回顾大家熟悉的二维向量的变换. 在图 4.3(a) 中有三个向量：$\boldsymbol{v}_1$, $\boldsymbol{v}_2$ 和 $\boldsymbol{v}_3$. 我们先考虑 $\boldsymbol{v}_1$ 和 $\boldsymbol{v}_3$. 写成列向量的形式，有

$$\boldsymbol{v}_1 = \begin{pmatrix} 1 \\ 0 \end{pmatrix}\,, \ \boldsymbol{v}_3 = \begin{pmatrix} 0 \\ 1 \end{pmatrix}. \tag{4.48}$$

将这两个向量逆时针旋转 $30°$. 参照图 4.3(a)，利用三角函数，经过简单计算我们得到旋转后的新向量

$$R_{30}\,\boldsymbol{v}_1 = \begin{pmatrix} \dfrac{\sqrt{3}}{2} \\ \dfrac{1}{2} \end{pmatrix}\,, \ R_{30}\,\boldsymbol{v}_3 = \begin{pmatrix} -\dfrac{1}{2} \\ \dfrac{\sqrt{3}}{2} \end{pmatrix}. \tag{4.49}$$

这里 R_{30} 表示逆时针旋转 $30°$，但这只是一个抽象的符号. 数学家们发现可以把 R_{30} 具体表示成如下形式：

$$R_{30} = \begin{pmatrix} \dfrac{\sqrt{3}}{2} & -\dfrac{1}{2} \\ \dfrac{1}{2} & \dfrac{\sqrt{3}}{2} \end{pmatrix}. \tag{4.50}$$

数学家们称之为矩阵，并建立了如下矩阵和列向量的乘法规则：

$$\begin{pmatrix} \dfrac{\sqrt{3}}{2} & -\dfrac{1}{2} \\ \dfrac{1}{2} & \dfrac{\sqrt{3}}{2} \end{pmatrix}\begin{pmatrix} x \\ y \end{pmatrix} = \begin{pmatrix} \dfrac{\sqrt{3}x}{2} - \dfrac{y}{2} \\ \dfrac{x}{2} + \dfrac{\sqrt{3}y}{2} \end{pmatrix}, \tag{4.51}$$

即把矩阵的第一行当作行向量和后面的列向量做内积得到新向量的第一个分量，把矩阵的第二行当作行向量和后面的列向量做内积得到新向量的第二个分量.

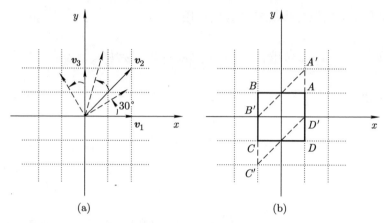

图 4.3   (a) 向量逆时针旋转 30°（小虚线方格边长是 1/2）；(b) 正方形 $ABCD$ 经过一个剪切变换后成为平行四边形 $A'B'C'D'$（小虚线方格边长是 1）. 这两个变换都可以用矩阵表达

我们现在考虑图 4.3(a) 里的向量 $\boldsymbol{v}_2$，将它逆时针旋转 30°. 利用矩阵 R_{30}，我们很容易得到旋转后的新向量

$$R_{30}\,\boldsymbol{v}_2 = \begin{pmatrix} \dfrac{\sqrt{3}}{2} & -\dfrac{1}{2} \\ \dfrac{1}{2} & \dfrac{\sqrt{3}}{2} \end{pmatrix} \begin{pmatrix} 1 \\ 1 \end{pmatrix} = \begin{pmatrix} \dfrac{\sqrt{3}}{2} - \dfrac{1}{2} \\ \dfrac{1}{2} + \dfrac{\sqrt{3}}{2} \end{pmatrix}. \tag{4.52}$$

有兴趣的读者可以利用三角关系等其他方法来验证这个结果的正确性.

矩阵不只能表示旋转，还能表示剪切变换. 比如

$$Q = \begin{pmatrix} 1 & 0 \\ 1 & 1 \end{pmatrix}, \tag{4.53}$$

表示一个沿 y 轴的剪切变换. 我们具体看一下 Q 的作用：

$$\begin{pmatrix} 1 & 0 \\ 1 & 1 \end{pmatrix} \begin{pmatrix} x \\ y \end{pmatrix} = \begin{pmatrix} x \\ y + x \end{pmatrix}, \tag{4.54}$$

向量的 x 分量不变, y 分量变成 $y+x$. 举个例子, 对于图 4.3(b) 中的 A 点, 它的 x 分量是 1, y 分量也是 1, 有

$$\begin{pmatrix} 1 & 0 \\ 1 & 1 \end{pmatrix} \begin{pmatrix} 1 \\ 1 \end{pmatrix} = \begin{pmatrix} 1 \\ 2 \end{pmatrix}, \tag{4.55}$$

即 A 点在剪切变换 Q 的作用下变成了 A'. 类似地, 在 Q 的作用下, B 点会变成 B', C 点会变成 C', D 点会变成 D'. 所以总体上在 Q 的作用下, 图 4.3(b) 中的正方形 $ABCD$ 会被 "剪切" 成一个平行四边形 $A'B'C'D'$.

我们经常要对一个向量进行一系列变换, 每一个变换对应一个矩阵, 这就引出了矩阵如何相乘的问题. 先考虑一个例子: 对一个二维向量先进行旋转变换 R_{30} 然后进行剪切变换 Q. 这对应如下计算:

$$
\begin{aligned}
QR_{30} \begin{pmatrix} x \\ y \end{pmatrix} &= Q \begin{pmatrix} \dfrac{\sqrt{3}}{2} & -\dfrac{1}{2} \\ \dfrac{1}{2} & \dfrac{\sqrt{3}}{2} \end{pmatrix} \begin{pmatrix} x \\ y \end{pmatrix} \\
&= \begin{pmatrix} 1 & 0 \\ 1 & 1 \end{pmatrix} \begin{pmatrix} \dfrac{\sqrt{3}}{2}x - \dfrac{y}{2} \\ \dfrac{x}{2} + \dfrac{\sqrt{3}}{2}y \end{pmatrix} = \begin{pmatrix} \dfrac{\sqrt{3}}{2}x - \dfrac{y}{2} \\ \dfrac{\sqrt{3}+1}{2}x + \dfrac{\sqrt{3}-1}{2}y \end{pmatrix}.
\end{aligned} \tag{4.56}
$$

引入一个新的矩阵

$$W = \begin{pmatrix} \dfrac{\sqrt{3}}{2} & -\dfrac{1}{2} \\ \dfrac{\sqrt{3}+1}{2} & \dfrac{\sqrt{3}-1}{2} \end{pmatrix}, \tag{4.57}$$

直接计算可以验证

$$QR_{30} \begin{pmatrix} x \\ y \end{pmatrix} = W \begin{pmatrix} x \\ y \end{pmatrix}. \tag{4.58}$$

上面这个等式说明, 两个连续的矩阵变换可以等价于一个矩阵变换. 在数学上, 它显示了两个矩阵相乘等于另一个矩阵, $QR_{30} = W$.

上面这个特例无法确定矩阵相乘的具体规则. 我们考察两个一般的矩阵

$$M_1 = \begin{pmatrix} a_{11} & a_{12} \\ a_{21} & a_{22} \end{pmatrix} , \ M_2 = \begin{pmatrix} b_{11} & b_{12} \\ b_{21} & b_{22} \end{pmatrix}. \tag{4.59}$$

先进行 M_2 变换再进行 M_1 变换的作用效果是

$$M_1 M_2 \begin{pmatrix} x \\ y \end{pmatrix} = M_1 \begin{pmatrix} b_{11}x + b_{12}y \\ b_{21}x + b_{22}y \end{pmatrix}$$

$$= \begin{pmatrix} (a_{11}b_{11} + a_{12}b_{21})x + (a_{11}b_{12} + a_{12}b_{22})y \\ (a_{21}b_{11} + a_{22}b_{21})x + (a_{21}b_{12} + a_{22}b_{22})y \end{pmatrix}. \tag{4.60}$$

直接的计算可以看出, 这两个变换其实等价于变换

$$M_3 = \begin{pmatrix} a_{11}b_{11} + a_{12}b_{21} & a_{11}b_{12} + a_{12}b_{22} \\ a_{21}b_{11} + a_{22}b_{21} & a_{21}b_{12} + a_{22}b_{22} \end{pmatrix}, \tag{4.61}$$

也就是

$$M_1 M_2 = \begin{pmatrix} a_{11} & a_{12} \\ a_{21} & a_{22} \end{pmatrix} \begin{pmatrix} b_{11} & b_{12} \\ b_{21} & b_{22} \end{pmatrix}$$

$$= \begin{pmatrix} a_{11}b_{11} + a_{12}b_{21} & a_{11}b_{12} + a_{12}b_{22} \\ a_{21}b_{11} + a_{22}b_{21} & a_{21}b_{12} + a_{22}b_{22} \end{pmatrix} = M_3. \tag{4.62}$$

从这个式子可以清晰地看出矩阵的乘法规则: M_1 第一行的行向量和 M_2 第一列的列向量的内积给出新矩阵 M_3 第一行第一列的矩阵元; M_1 第一行的行向量和 M_2 第二列的列向量的内积给出 M_3 第一行第二列的矩阵元; M_1 第二行的行向量和 M_2 第一列的列向量的内积给出 M_3 第二行第一列的矩阵元; M_1 第二行的行向量和 M_2 第二列的列向量的内积给出 M_3 第二行第二列的矩阵元. 有兴趣的读者可以利用这个规则验证一下上面的例子 $QR_{30} = W$.

矩阵的乘法有一个非常重要的性质: 乘法的次序很重要. 我们来计算一下 $R_{30}Q$:

$$\begin{pmatrix} \dfrac{\sqrt{3}}{2} & -\dfrac{1}{2} \\ \dfrac{1}{2} & \dfrac{\sqrt{3}}{2} \end{pmatrix} \begin{pmatrix} 1 & 0 \\ 1 & 1 \end{pmatrix} = \begin{pmatrix} \dfrac{\sqrt{3}-1}{2} & -\dfrac{1}{2} \\ \dfrac{\sqrt{3}+1}{2} & \dfrac{\sqrt{3}}{2} \end{pmatrix}. \tag{4.63}$$

很显然 $R_{30}Q \neq QR_{30}$. 这就是矩阵相乘的不可交换性：一般情况下，对于任意两个矩阵 M_1 和 M_2，$M_1 M_2 \neq M_2 M_1$. 当然也存在一些特殊的矩阵，它们间的乘法是可交换的，比如

$$\begin{pmatrix} 1 & 0 \\ 0 & 1 \end{pmatrix} \begin{pmatrix} 1 & 0 \\ 1 & 1 \end{pmatrix} = \begin{pmatrix} 1 & 0 \\ 1 & 1 \end{pmatrix} \begin{pmatrix} 1 & 0 \\ 0 & 1 \end{pmatrix}. \tag{4.64}$$

在二维实空间，矩阵相乘的不可交换性有很明确的几何意义. 为此我们介绍一个非常有用的矩阵：

$$R_\theta = \begin{pmatrix} \cos\theta & -\sin\theta \\ \sin\theta & \cos\theta \end{pmatrix}. \tag{4.65}$$

这个矩阵的作用是让列向量绕原点逆时针旋转了一个角度 θ. 前面介绍的 R_{30} 是特例 $\theta = 30°$. 当 $\theta = 90°$ 时，我们得到另外一个特例

$$R_{90} = \begin{pmatrix} 0 & -1 \\ 1 & 0 \end{pmatrix}. \tag{4.66}$$

让我们回到图 4.3(b) 中的正方形 $ABCD$，对它进行两组不同的变换：（1）先做旋转 R_{90}，然后做剪切 Q；（2）先做剪切 Q，后做旋转 R_{90}. 在第一组操作中，由于正方形的对称性，先进行的旋转 R_{90} 其实没有造成任何变化. 这样实际效果和单个剪切变换 Q 一样，结果就是图 4.3(b) 中的平行四边形 $A'B'C'D'$；第二组操作的结果则会将图 4.3(b) 中平行四边形 $A'B'C'D'$ 逆时针旋转 $90°$. 由于次序的变化，两组变换得到不同的结果. 同时我们通过矩阵乘法可以直接验证 $R_{90}Q \neq QR_{90}$. 这就是矩阵相乘不可交换性的几何意义. 有兴趣的读者可以对比一下另外两组变换：（1）先做旋转 R_{30}，然后做剪切 Q；（2）先做剪切 Q，后做旋转 R_{30}. 正方形 $ABCD$ 经过这两组变换也会变成不同的图形.

矩阵经常被称为线性变换或线性算符，它和线性空间合在一起被称为线性代数. 之所以是线性，大致有两个原因：（1）任意两个向量 $|\psi\rangle$ 和 $|\phi\rangle$ 的

线性组合 $c_1|\psi\rangle + c_2|\phi\rangle$ 依然是一个向量；（2）矩阵描述的变换永远也不会把一条直线变换成一条曲线. 有兴趣的读者可以思考一下为什么.

上面介绍的矩阵是一类特殊的矩阵，称为 2×2 实矩阵，即这类矩阵有两行两列，矩阵元都是实数. 一般的矩阵有 n 行 n 列，矩阵元可以是复数：

$$
M = \begin{pmatrix} M_{11} & M_{12} & \cdots & M_{1n} \\ M_{21} & M_{22} & \cdots & M_{2n} \\ \vdots & \vdots & \ddots & \vdots \\ M_{n1} & M_{n2} & \cdots & M_{nn} \end{pmatrix},
\tag{4.67}
$$

其中复数 M_{ij} 表示第 i 行第 j 列的矩阵元. 行指标和列指标相同的矩阵元，比如 M_{11} 和 M_{22}，称为对角元；其他的矩阵元，即行指标和列指标不同的矩阵元，称为非对角元，比如 M_{12} 和 M_{2n}. 下面对矩阵进行比较系统的介绍.

对于一个 $n \times n$ 矩阵 M，它和一个常数的相乘就是让这个常数和自己的每个矩阵元相乘. 对于两个 $n \times n$ 矩阵 M 和 P，它们的加法 $G = M + P$ 定义为

$$
G_{ij} = M_{ij} + P_{ij},
\tag{4.68}
$$

即对应位置的矩阵元简单相加. 它们的乘法 $D = MP$ 定义为

$$
D_{ij} = \sum_{k=1}^{n} M_{ik} P_{kj},
\tag{4.69}
$$

即矩阵 M 第 i 行的行向量和矩阵 P 第 j 列的列向量做内积得到新矩阵元 D_{ij}. 举一个例子，考虑两个 4×4 矩阵

$$
\gamma^0 = \begin{pmatrix} 0 & 0 & 0 & -i \\ 0 & 0 & -i & 0 \\ 0 & i & 0 & 0 \\ i & 0 & 0 & 0 \end{pmatrix}, \; \gamma^1 = \begin{pmatrix} 0 & 0 & i & 0 \\ 0 & 0 & 0 & i \\ i & 0 & 0 & 0 \\ 0 & i & 0 & 0 \end{pmatrix}.
\tag{4.70}
$$

这两个矩阵相加得到一个新矩阵:

$$\gamma^0 + \gamma^1 = \begin{pmatrix} 0 & 0 & 0 & -i \\ 0 & 0 & -i & 0 \\ 0 & i & 0 & 0 \\ i & 0 & 0 & 0 \end{pmatrix} + \begin{pmatrix} 0 & 0 & i & 0 \\ 0 & 0 & 0 & i \\ i & 0 & 0 & 0 \\ 0 & i & 0 & 0 \end{pmatrix} = \begin{pmatrix} 0 & 0 & i & -i \\ 0 & 0 & -i & i \\ i & i & 0 & 0 \\ i & i & 0 & 0 \end{pmatrix}. \tag{4.71}$$

它们相乘为

$$\gamma^1\gamma^0 = \begin{pmatrix} 0 & 0 & i & 0 \\ 0 & 0 & 0 & i \\ i & 0 & 0 & 0 \\ 0 & i & 0 & 0 \end{pmatrix} \begin{pmatrix} 0 & 0 & 0 & -i \\ 0 & 0 & -i & 0 \\ 0 & i & 0 & 0 \\ i & 0 & 0 & 0 \end{pmatrix} = \begin{pmatrix} 0 & -1 & 0 & 0 \\ -1 & 0 & 0 & 0 \\ 0 & 0 & 0 & 1 \\ 0 & 0 & 1 & 0 \end{pmatrix}, \tag{4.72}$$

$$\gamma^0\gamma^1 = \begin{pmatrix} 0 & 0 & 0 & -i \\ 0 & 0 & -i & 0 \\ 0 & i & 0 & 0 \\ i & 0 & 0 & 0 \end{pmatrix} \begin{pmatrix} 0 & 0 & i & 0 \\ 0 & 0 & 0 & i \\ i & 0 & 0 & 0 \\ 0 & i & 0 & 0 \end{pmatrix} = \begin{pmatrix} 0 & 1 & 0 & 0 \\ 1 & 0 & 0 & 0 \\ 0 & 0 & 0 & -1 \\ 0 & 0 & -1 & 0 \end{pmatrix}. \tag{4.73}$$

显然 $\gamma^0\gamma^1 \neq \gamma^1\gamma^0$. 在这里, 矩阵乘法次序的不可交换性已经没有明显的几何意义了, 因为这两个矩阵都有虚数矩阵元. 后面我们会看到, 这种普遍的矩阵乘法的不可交换性是量子力学里算符不可交换性的数学基础, 会导致完全无法用经典力学理解的量子效应, 比如海森堡不确定性关系.

下面介绍矩阵的两个非常重要的操作.

（1）转置. 一个矩阵 M 的转置就是将它的行和列相互调换, 记作 M^{T}, 数学上有 $M^{\mathrm{T}}_{ij} = M_{ji}$. 下面两个矩阵互为转置:

$$\begin{pmatrix} 1 & 2 & 3 \\ i & 2i & 3i \\ 4 & 5 & 6 \end{pmatrix} = \begin{pmatrix} 1 & i & 4 \\ 2 & 2i & 5 \\ 3 & 3i & 6 \end{pmatrix}^{\mathrm{T}}. \tag{4.74}$$

（2）厄米共轭. 一个矩阵 M 的厄米共轭不但将它的行和列相互调换, 而且还取复共轭, 记作 $M^{\dagger}$, 数学上我们有 $M^{\dagger}_{ij} = M^*_{ji}$. 下面两个矩阵互为厄米共轭：

$$\begin{pmatrix} 1 & 2 & 3 \\ i & 2i & 3i \\ 4 & 5 & 6 \end{pmatrix} = \begin{pmatrix} 1 & -i & 4 \\ 2 & -2i & 5 \\ 3 & -3i & 6 \end{pmatrix}^{\dagger}. \tag{4.75}$$

利用这两个操作，我们定义几类特殊但非常重要的矩阵.

（1）对角矩阵. 一个对角矩阵的所有非对角元都等于零，下面是个例子：

$$\begin{pmatrix} 1 & 0 & 0 \\ 0 & 3 & 0 \\ 0 & 0 & 8 \end{pmatrix}. \tag{4.76}$$

对角矩阵间的乘法是可以交换的，即如果矩阵 M_1 和 M_2 是对角的，那么 $M_1M_2 = M_2M_1$. 有兴趣的读者可以自己证明一下.

（2）单位矩阵. 如果一个对角矩阵的对角元都是 1，这个对角矩阵就是单位矩阵，一般记作 I.

（3）逆矩阵. 矩阵 M 的逆矩阵记作 M^{-1}，它满足 $MM^{-1} = M^{-1}M = I$. 不是所有的矩阵都有逆矩阵.

（4）对称矩阵. 如果一个矩阵 M 满足 $M = M^{\mathrm{T}}$，这个矩阵被称作对称矩阵. 下面是一个对称矩阵的例子：

$$\begin{pmatrix} 1 & 2 & 3 \\ 2 & 5 & 4 \\ 3 & 4 & 6 \end{pmatrix}. \tag{4.77}$$

（5）厄米矩阵. 如果一个矩阵 M 满足 $M = M^{\dagger}$，这个矩阵叫作厄米矩阵. 下面三个矩阵都是厄米矩阵：

$$\hat{\sigma}_x = \begin{pmatrix} 0 & 1 \\ 1 & 0 \end{pmatrix}, \quad \hat{\sigma}_y = \begin{pmatrix} 0 & -i \\ i & 0 \end{pmatrix}, \quad \hat{\sigma}_z = \begin{pmatrix} 1 & 0 \\ 0 & -1 \end{pmatrix}. \tag{4.78}$$

人们通常称这三个矩阵为泡利矩阵. 显然实的对称矩阵（所有矩阵元都是实数）是厄米矩阵.

（6）幺正矩阵. 如果矩阵 M 满足 $M^\dagger M = MM^\dagger = I$, 这种矩阵叫作幺正矩阵. 下面是一个幺正矩阵:

$$U = \begin{pmatrix} \cos\theta & \mathrm{i}\sin\theta \\ \mathrm{i}\sin\theta & \cos\theta \end{pmatrix}. \tag{4.79}$$

直接的计算表明, 它确实满足 $U^\dagger U = UU^\dagger = I$.

矩阵在后面介绍的量子力学中有广泛的应用. 我们这里先看一个矩阵在数学里的应用: 用矩阵来解二元一次方程组. 考虑一个二元一次方程组

$$2x + 3y = 2, \tag{4.80}$$

$$x - 3y = 1. \tag{4.81}$$

利用我们熟悉的方法, 先消掉 y, 得到 $x = 1$. 然后代入原方程, 我们会得到 $y = 0$. 我们现在用矩阵来解这个方程. 我们把这个方程组写成矩阵形式:

$$\begin{pmatrix} 2 & 3 \\ 1 & -3 \end{pmatrix} \begin{pmatrix} x \\ y \end{pmatrix} = \begin{pmatrix} 2 \\ 1 \end{pmatrix}. \tag{4.82}$$

由于矩阵

$$M = \begin{pmatrix} 2 & 3 \\ 1 & -3 \end{pmatrix} \tag{4.83}$$

的逆矩阵是

$$M^{-1} = \begin{pmatrix} 1/3 & 1/3 \\ 1/9 & -2/9 \end{pmatrix}, \tag{4.84}$$

在方程 (4.82) 两边乘上这个逆矩阵, 我们便可得到

$$\begin{pmatrix} x \\ y \end{pmatrix} = \begin{pmatrix} 1/3 & 1/3 \\ 1/9 & -2/9 \end{pmatrix} \begin{pmatrix} 2 \\ 1 \end{pmatrix} = \begin{pmatrix} 1 \\ 0 \end{pmatrix}. \tag{4.85}$$

就这样, 方程解出来了. 矩阵方法对于上面这个简单的问题显得有些牛刀杀鸡, 但它向我们展示了一个求解类似于方程 (4.82) 的线性方程组的一般方法.

4.2.4 本征态和本征值

对于一个矩阵 M 有一些特殊的向量 $|\psi\rangle$，它们满足

$$M|\psi\rangle = v|\psi\rangle, \tag{4.86}$$

即矩阵 M 作用在这些向量上等价于一个常数和这些向量相乘. 在数学上，$|\psi\rangle$ 被称作矩阵 M 的本征向量，而 v 是相应的本征值. 比如矩阵 Q 有一个本征向量

$$|\alpha\rangle = \begin{pmatrix} 0 \\ 1 \end{pmatrix}, \tag{4.87}$$

对应的本征值是 1. 这可以通过下面的直接计算验证：

$$\begin{pmatrix} 1 & 0 \\ 1 & 1 \end{pmatrix} \begin{pmatrix} 0 \\ 1 \end{pmatrix} = \begin{pmatrix} 0 \\ 1 \end{pmatrix}. \tag{4.88}$$

显然向量 $c|\alpha\rangle$（c 是一个任意复数）也是 Q 的本征向量，这在数学上不算新的本征向量. 按照这种规定，剪切矩阵 Q 只有一个本征向量. 有兴趣的读者可以证明一下.

在量子力学里，人们主要关心厄米矩阵的本征向量和本征值. 由于在量子力学中本征向量对应一个量子态，物理学家喜欢把本征向量称作本征态. 对于任意一个 $n \times n$ 厄米矩阵 O，它的本征态和本征值具有如下普遍性质：

（1）O 一定有 n 个本征态 $|\phi_1\rangle, |\phi_2\rangle, \cdots, |\phi_n\rangle$，其相应本征值为 $v_1, v_2, \cdots, v_n$，即 $O|\phi_j\rangle = v_j|\phi_j\rangle (j = 1, 2, \cdots, n)$.

（2）可以证明本征值 $v_1, v_2, \cdots, v_n$ 都是实的.

（3）可以证明本征态 $|\phi_1\rangle, |\phi_2\rangle, \cdots, |\phi_n\rangle$ 相互正交，即 $\langle\phi_i|\phi_j\rangle = 0 (i \neq j)$.

（4）由于 $c|\phi_j\rangle$ 依然是本征态，我们可以利用这个性质，通过适当选择 c 使得 $\langle\phi_j|\phi_j\rangle = 1$. 这种本征态被称作归一的.

有可能某两个本征值 $v_i = v_j$ $(i \neq j)$，这时我们说相应的两个本征态 $|\phi_i\rangle$ 和 $|\phi_j\rangle$ 简并. 头三条性质的证明超越了本书的范围，有兴趣的读者可以在任何一本标准的线性代数或量子力学教科书中找到.

举一个例子. 考虑一个 4×4 的厄米矩阵

$$\Omega_x = \begin{pmatrix} 0 & 0 & 0 & 1 \\ 0 & 0 & 1 & 0 \\ 0 & 1 & 0 & 0 \\ 1 & 0 & 0 & 0 \end{pmatrix}, \tag{4.89}$$

它有如下 4 个本征态:

$$|\phi_1\rangle = \frac{1}{2}\begin{pmatrix} 1 \\ 1 \\ 1 \\ 1 \end{pmatrix}, \ |\phi_2\rangle = \frac{1}{2}\begin{pmatrix} 1 \\ -1 \\ -1 \\ 1 \end{pmatrix}, \ |\phi_3\rangle = \frac{1}{2}\begin{pmatrix} 1 \\ -1 \\ 1 \\ -1 \end{pmatrix}, \ |\phi_4\rangle = \frac{1}{2}\begin{pmatrix} 1 \\ 1 \\ -1 \\ -1 \end{pmatrix}, \tag{4.90}$$

对应的本征值依次是 1, 1, –1, –1. 直接计算可以验证这 4 个本征态是正交归一的, 并且 $|\phi_1\rangle$ 和 $|\phi_2\rangle$ 简并, $|\phi_3\rangle$ 和 $|\phi_4\rangle$ 简并.

4.2.5 直积空间

如果我们有两个希尔伯特空间 V_1 和 V_2，那么这两个空间可以构成一个新的希尔伯特空间 $V = V_1 \otimes V_2$，这里 $\otimes$ 称为直积. 如果 V_1 的维度是 n_1, V_2 的维度是 n_2，那么直积空间V 的维度是 $n = n_1 n_2$. 如果 V_1 中有一个向量 $|\phi\rangle$, V_2 中有一个向量 $|\varphi\rangle$，那么通过直积它们构成一个 V 中的向量 $|\psi\rangle = |\phi\rangle \otimes |\varphi\rangle$. 直积空间 V 中的向量总是可以表达成 V_1 和 V_2 中向量的直积或多个直积的线性叠加，即

$$|\Psi\rangle = c_1|\phi_1\rangle \otimes |\varphi_1\rangle + c_2|\phi_2\rangle \otimes |\varphi_2\rangle + \cdots + c_j|\phi_j\rangle \otimes |\varphi_j\rangle + \cdots. \tag{4.91}$$

V 中的直积向量有如下简单的运算性质:

（1）直积规则：和普通乘法非常类似，

$$(|\phi_1\rangle + |\phi_2\rangle) \otimes (|\varphi_1\rangle + |\varphi_2\rangle)$$

$$= |\phi_1\rangle \otimes |\varphi_1\rangle + |\phi_1\rangle \otimes |\varphi_2\rangle + |\phi_2\rangle \otimes |\varphi_1\rangle + |\phi_2\rangle \otimes |\varphi_2\rangle. \quad (4.92)$$

一个特例是 $(|\phi_1\rangle + |\phi_2\rangle) \otimes |\varphi\rangle = |\phi_1\rangle \otimes |\varphi\rangle + |\phi_2\rangle \otimes |\varphi\rangle$.

（2）不可交换性：$|\phi\rangle \otimes |\varphi\rangle \neq |\varphi\rangle \otimes |\phi\rangle$.

（3）标量相乘：$c|\phi\rangle \otimes |\varphi\rangle = |\phi\rangle \otimes c|\varphi\rangle$.

在量子力学中我们经常遇到多个系统组成的复合系统，复合系统的希尔伯特空间就是各个子系统希尔伯特空间的直积. 关于直积空间还有一些其他的运算规则，特别是关于内积的运算规则，我们将在第七章结合双自旋系统具体介绍.

第五章 迈入量子之门

让我们正式进入量子力学的世界. 在这个世界里, 经典力学里几乎所有理所当然的概念都会被抛弃, 日常生活中形成的种种直觉都会受到挑战. 量子力学是一个全新的世界: 在这里, 粒子不再具有确定的轨迹, 而由神奇的波函数描述; 在这里, 你只能用概率来预言未来; 在这里, 一个没有大小的粒子可以 "绕着自己转起来"; 在这里, 原则上, 太阳可以同时从东边升起和在西边落下; 在这里, 两个粒子之间可以发生一种无法理喻的关联; 在这里, 能量会变得离散; 在这里, 你必须使用复数和矩阵. 我们用施特恩 – 格拉赫实验和自旋为你开启这扇量子之门, 并用它们来展示各种神奇的量子现象.

5.1 施特恩 – 格拉赫实验

1922 年, 两位德国物理学家, 施特恩 (Otto Stern, 1888 — 1969) 和格拉赫 (Walther Gerlach, 1889 — 1979) 做了一个永载物理史册的实验[①]. 图 5.1 是这个实验的示意图. 他们用一个高温炉将银加热蒸发成气体, 银蒸气从炉子里出来经过一些控制阀门形成银原子束, 银原子束通过一个非均匀磁场后到达检测屏. 他们发现银原子束会被非均匀磁场折射分解成两束, 最后在检测屏上形成两个分离的斑点. 这个结果完全出乎施特恩和格拉赫的预料. 因为根据经典物理, 他们预期观察到一条细长的连续条纹.

施特恩和格拉赫做实验时知道每个银原子携带磁矩, 可以被看作一个小磁铁 (见图 5.1). 当一个小磁铁处于一个磁场里的时候, 它的南北两极会感

---

① 在 1922 年, 量子理论还很初级 (见第二章), 人们也不知道电子具有自旋. 我们这里忽略这些历史发展的曲折, 按照现代量子理论对这个著名实验进行解释.

受到方向相反的力. 如果磁场是均匀的, 也就是磁场强度不随空间变化, 南北两极受到的力大小相同方向相反, 银原子作为一个整体不会感受到任何力. 实验中的磁场是不均匀的, 这样南北两极受到的力大小不同, 银原子会总体感受到一个力, 运动轨迹则因此会发生偏折. 这个偏折力的大小和方向取决于磁矩的方向和磁场方向的夹角: 夹角越小, 偏折力越强, 偏折角度越大. 如果两个银原子的磁矩正好相反 (比如图 5.1 中的银原子 1 和银原子 3), 它们感受到的力正好相反, 偏折方向会因此而相反. 由于银原子来自高温炉产生的银蒸气, 它们的磁矩方向是随机的, 指向任何一个方向的概率是相同的, 这也意味着这些银原子感受到的偏折力会是一个均匀分布. 所以, 按照经典物理, 预期的观察结果应该是一条细长的条纹. 但是, 实验结果却是两个分立的斑点.

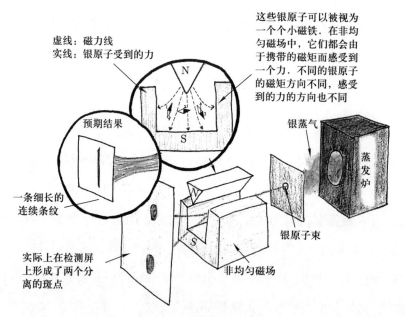

图 5.1   施特恩–格拉赫实验. 银原子具有一个非配对的电子, 由于这个电子的自旋, 它具有一个小磁矩, 可以被当作一个小磁铁. 在非均匀的磁场中, 每个银原子会由于携带的磁矩感受到一个力

如果我们进一步简化这个实验, 这个结果会显得更加不可思议. 在 1922

年, 施特恩–格拉赫实验里的银原子来自一个高温炉, 原子束的流量很大, 每次有大量银原子同时通过非均匀磁场并到达检测屏. 现在技术已经有非常大的进步, 我们可以控制银原子束的流量使得每次只有一个银原子通过非均匀磁场. 假设银原子的磁矩依然随机指向任何方向. 实验结果会怎样呢? 每个银原子会被随机地偏折到两个斑点中的一个, 向上和向下的概率各是 1/2. 很像一个人在掷硬币, 每次投掷结果是不确定的, 出现正反面的概率各是 1/2.

令人困惑的是银原子和硬币似乎没有任何相似之处. 如果有人在你面前掷骰子 (注意, 它有六面!), 但每次只会出现 1 或 2, 你一定会觉得这个骰子被人做了手脚, 提议仔细检查这个骰子. 前面强调了, 由于银原子来自高温蒸气, 它的磁矩方向是随机的, 三维空间的任何一个方向都有可能. 所以, 上面的实验结果就像有个人在掷一个有无穷个面的骰子 (这实质上就是一球!), 但每次投掷完后只会出现 1 或 2. 这怎么可能? 银原子一定被人装了什么机关!

这个机关就是量子力学. 银原子具有一个完全无法用经典力学描述的自由度 —— 自旋. 银原子具有磁矩, 就是因为它带自旋. 虽然自旋可以在空间指向任意方向, 但按照量子力学, 你的测量结果只可能有两个, 因此图 5.1 中的检测屏上只可能有两个斑点.

5.2 自　　旋

几乎所有微观粒子都具有一种特殊的角动量, 称为自旋. 当一个物体绕另外一个物体旋转 (比如, 地球绕太阳转) 或者物体绕一个轴自己旋转 (比如陀螺), 这个物体就具有角动量. 物理学家把这种由于物体的空间旋转而形成的角动量叫作轨道角动量, 而把自旋叫作内禀角动量, 以示区别. 在经典物理中, 物体只能有轨道角动量; 在量子物理中, 一个粒子或物体可以既有轨道角动量又有自旋. 我们必须用量子力学才能描述自旋. 当一个带电粒子绕某个点旋转时, 它具有轨道角动量, 并形成磁矩, 这时候这个粒子就像一个小小的指南针. 当一个粒子具有自旋时, 它也会具有磁矩. 正由于这个性质, 我们大致可以把自旋类比成一个很小的指南针. 这种类比不严格, 但能帮助我们建立一些直观的理解.

自旋有很多类, 为简单起见我们只考虑最简单的自旋——自旋 1/2. 除非明说, 我们以后讨论的自旋都是自旋 1/2. 电子就具有自旋 1/2. 银原子有 47 个电子, 其中的 46 个电子各自配对使得自旋效应体现不出来, 但有一个电子孤零零在 5s 能级没有和其他电子配对. 银原子在施特恩–格拉赫实验中的神奇表现就来自这个孤零零的 5s 电子携带的自旋.

为什么自旋会是 1/2? 刚刚说过, 自旋是一种特殊的角动量. 物理学家发现, 轨道角动量总是普朗克常数的整数倍, 即 $m\hbar$, 这里 m 是整数 (可正可负). 而自旋对应的角动量则可以是 $\pm\hbar/2$, $\pm\hbar$, $\pm3\hbar/2$ 等等. 物理学家还发现, 一个粒子所带自旋的角动量会有个最大值. 比如电子所带自旋角动量的最大值就是 $\hbar/2$. 自旋 1/2 指的就是这个自旋的最大角动量是 $\hbar/2$. 质子和中子的自旋也是 1/2. 光子的自旋则是 1, 这意味着光子自旋的最大角动量是 $\hbar$. 在量子力学里, 无论是轨道角动量还是自旋角动量, 它们的取值都是离散的. 比如, 自旋 1/2 的角动量只能是 $-\hbar/2, \hbar/2$, 自旋 1 的角动量只能是 $-\hbar, 0, \hbar$.

自旋还和在第二章提到的费米子和玻色子紧密相关: 费米子的自旋都是半整数的, 比如 1/2, 3/2, 5/2 等; 玻色子的自旋都是整数的, 比如 0, 1, 2 等.

有自旋 1/4 吗? 没有. 狄拉克发现电子具有自旋 1/2 是狭义相对论和量子力学结合的必然结果. 如果某一天实验物理学家发现自然界存在自旋 1/4, 那么理论物理学家就不得不改写相对论或量子力学, 或者同时修改两者.

　　自旋是微观粒子的一个内禀特征, 与静止质量和电荷类似. 但自旋的内涵要丰富得多, 因为它还是一种自由度. 由于粒子可以在实空间运动, 物理学家说粒子具有空间自由度. 物理学家发现粒子还可以在一种和自旋相关的抽象空间里运动. 这个空间里的每个 "点" 代表一个自旋的量子状态 (简称自旋态). 因此自旋也是粒子的一个自由度. 这种自旋自由度在经典力学中完全不存在, 只有量子力学才能描述. 对于自旋 1/2, 这个抽象空间就是二维希尔伯特空间, 其中的每个向量代表一个自旋态. 我们先介绍两个特殊的自旋态 —— 向上态 $|u\rangle$ 和向下态 $|d\rangle$:

$$|u\rangle = \begin{pmatrix} 1 \\ 0 \end{pmatrix} , \quad |d\rangle = \begin{pmatrix} 0 \\ 1 \end{pmatrix}. \tag{5.1}$$

直接的计算可以验证 $\langle u|d \rangle = 0$ 和 $\langle u|u \rangle = \langle d|d \rangle = 1$, 即 $|u\rangle$ 和 $|d\rangle$ 是正交归一的. 在普通的二维空间里, 任意两个正交的向量都可以用来做坐标轴 (或坐标基), 其他向量可以表达为这两个正交向量的线性叠加. 二维希尔伯特空间具有同样的性质, 它的任意向量 $|\psi\rangle$ 可以表达成 $|u\rangle$ 和 $|d\rangle$ 的线性叠加:

$$|\psi\rangle = c_1|u\rangle + c_2|d\rangle = \begin{pmatrix} c_1 \\ c_2 \end{pmatrix}. \tag{5.2}$$

强调一下, 这里的 c_1 和 c_2 是复数.

　　按照量子力学, 如果对上面这个态进行测量, 那么测到自旋向上 (即自旋态 $|u\rangle$) 的概率是 $|c_1|^2$, 测到自旋向下 (即态 $|d\rangle$) 的概率是 $|c_2|^2$. 由于总概率应该等于 1, 所以我们要求 $|c_1|^2 + |c_2|^2 = 1$. 这个条件叫归一化条件. 在量子力学里, 我们要求量子态满足归一化条件.

　　利用上面这个简要的自旋理论, 我们已经可以解释施特恩-格拉赫实验了. 假设某个银原子从高温炉里出来时, 处于如下量子态

$$|\psi_{1/6}\rangle = \sqrt{\frac{1}{6}}|u\rangle + \sqrt{\frac{5}{6}}|d\rangle. \tag{5.3}$$

按照上面所述，对这个银原子进行测量，测量结果是自旋向上的概率为 1/6，是自旋向下的概率为 5/6. 这意味着，在施特恩–格拉赫实验中，如果有 60 个这样的银原子通过非均匀磁场后，那么大约有 10 个会偏向上方，大约有 50 个会偏向下方. 结果是我们会在检测屏观察到两个斑点，上面那个小些，下面那个大些. 在真实的实验里，银原子的磁矩方向是随机的，这意味着它的自旋态是随机的，也就是公式 (5.2) 中的 c_1 和 c_2 是任意的. 这样我们应该在检测屏看到上下两个大小差不多的斑点. 这正是在施特恩–格拉赫实验中观察到的现象.

由于 (5.2) 式中的 c_1 和 c_2 可以用来存储信息，自旋 1/2 在量子信息领域经常被等价于量子比特. 关于量子信息，第九章和第十章将有详细的介绍.

5.3   量子态和它的概率内涵

在第三章中我们介绍了，一个经典粒子的运动状态可以用相空间的一个点表示，这个点的坐标是实数，包括两部分，一部分是动量，一部分是坐标. 假设有一个一维粒子，它在相空间的坐标是 (x, p). 如果我们对它进行测量，会测到它的位置是 x，动量是 p. 这里没有不确定性，没有概率.

在量子力学里，一切都变了. 一个量子粒子的运动状态，即量子态，是希尔伯特空间中的一个向量，在数学上用一组复数坐标表达. 对于自旋，这个希尔伯特空间维数是 2，因而它的量子态可以用两个坐标表达，即 (5.2) 式中的 c_1 和 c_2. 但是这组坐标和相空间中的实数坐标 (x, p) 非常不同. 数学上，c_1 和 c_2 是复数；物理上，c_1 和 c_2 都不是直接可以测量的，它们只是给出了测量结果的概率. 对单个自旋进行测量，结果是不确定的：可能向上（概率是 $|c_1|^2$），可能向下（概率是 $|c_2|^2$）.

在日常生活中我们经常碰到概率. 比如掷一个骰子，可能会有 6 种结果，每个结果出现的概率是 1/6. 如果只掷一次，我们不能确定结果是什么，6 种结果都有可能. 这和对量子态进行测量非常类似.

虽然都叫概率，但量子力学中的概率和我们平常碰到的概率有本质的不同. 最重要的不同是，通常的概率来自我们的无知和外在的偶然因素，而量子力学里的概率是基本的和内在的.

我们以掷骰子为例来看看日常生活中的概率是从哪里来的. 当我们把一个骰子掷出去后，可能会发生一些偶然事件，比如有人不小心碰了一下桌子，某人的首饰突然掉下来和骰子碰了一下，或者突然刮起了风. 这些外来的偶然因素会带来不确定性. 我们当然可以想办法把这些偶然因素排除掉，比如可以找一个非常重的桌子，把一个透明的盒子牢牢地固定在桌面上，放入一只掷骰子机械手，最后把盒子抽成真空. 但是排除这些偶然因素之后，我们依然不确定骰子的哪个面会朝上. 因为骰子会和桌面（盒子壁也有可能）进行很多次复杂的碰撞，而普通人对这些碰撞完全不了解，无法预测结果，只能笼统地预测各个面都有可能朝上. 在这里，概率来自我们的无知. 如果你有办法把无知去掉，概率就会消失.

设想有一个聪明的物理学家，他叫小量. 小量仔细了解了骰子和桌面各自是由什么材料做的、材料的弹性等各种因素，全面研究了一个骰子以某个角度和速度与桌面碰撞以后会如何弹起来，在空中如何运动等. 基于这些知识，他就可以编一个计算机程序，用来准确预言骰子在停下来后会哪个面朝上（见图 5.2）. 对于小量，当他用高速摄像机获得骰子掷出瞬间的位置、速度、转速、旋转的方向等各种相关因素后，掷骰子就不再是一个随机事件，无需用概率来描述，他的程序可以准确预言骰子的哪个面朝上.

我们再来看看量子力学的概率. 考虑一个自旋，它处于下面这个自旋态：

$$|\psi'_{1/6}\rangle = \sqrt{\frac{1}{6}}|u\rangle + \mathrm{i}\sqrt{\frac{5}{6}}|d\rangle. \tag{5.4}$$

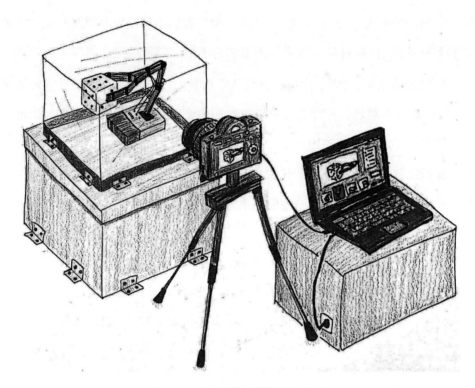

图 5.2   准确预言掷骰子的结果

按照量子力学，如果对上面这个态进行测量，会有 1/6 的概率观测到自旋向上，5/6 的概率观测到自旋向下. 我们用施特恩–格拉赫实验来检测这个自旋态. 为此，我们改进图 5.1 中的粒子源，使得出来的银原子总是处于上面的自旋态. 假设在实验中我们成功地让 6000 个这样的银原子通过了非均匀磁场，那么在检测屏上会出现两个斑点，上面那个斑点大约有 1000 个银原子，下面那个斑点大约有 5000 个银原子. 这个实验结果完全可以用骰子来模拟. 我们制作 6000 个相同的特殊骰子，每个骰子有一个面刻着"上"，另外五个面刻着"下". 掷出这 6000 个特殊骰子，那么结果一定是大约 1000 个骰子是"上"，大约 5000 个是"下". 从实验结果看，施特恩–格拉赫实验和掷骰子没有任何区别. 那么量子力学中的概率和掷骰子的概率是一样的吗？

我们考察一下施特恩–格拉赫实验中可能影响测量结果的各种因素. 首

先，粒子源的制备可能有些小的偏差，从粒子源出来的银原子的自旋态可能会稍微偏离自旋态 (5.4)；其次，银原子在飞行过程中可能会受到一些偶然因素的影响，比如空气分子的碰撞；另外，产生磁场的磁铁可能会有些小的振动. 这些偶然因素，也就是通常说的实验中的噪声，会对测量结果带来一些小的影响：粒子源制备的偏差会影响每个斑点中确切的银原子数目；空气分子的碰撞和磁铁的振动会影响斑点半径和形状等. 这些影响显然不是实质的，我们总是可以通过改进实验装置来尽量减小这些影响，比如改进粒子源的制备方式，将整个实验置于真空环境，把磁铁固定在一个很重的桌面上. 对于掷骰子，在排除这些偶然因素或实验噪声后，小量就可以准确预言骰子的哪面朝上. 对于自旋，情况非常不同，即使排除了偶然因素，我们还是无法确定地预言自旋的测量结果，只能用概率来预言测量结果.

我们在前面仔细分析了掷骰子的物理过程. 从中可以看到，日常生活中的概率来源于我们对很多物理过程和因素的忽略，比如骰子的初始运动状态、骰子材料的弹性、桌面材料的弹性等. 那么施特恩–格拉赫实验中的概率结果是不是也是因为我们忽略了很多重要的物理过程和因素呢？现代物理知识告诉我们，除了上面提及的一些偶然因素，我们没有忽略任何重要的物理过程和因素. 所以，量子力学里的概率是本质的，这是量子力学的基本原则. 按照量子力学，希尔伯特空间中的一个向量完整描述了自旋的状态，而这个向量只能告诉你不同测量结果的概率.

量子态这种内在的概率曾经让许多著名的物理学家不满意，现在也仍然有很多物理学家对此不满意. 爱因斯坦的名言"上帝不玩骰子"（God doesn't play dice）非常准确而生动地概括了这种不满. 这些物理学家觉得或许存在一些超越现代物理探测手段的物理过程或因素，量子力学中的概率来源于忽略了这些物理过程或因素. 他们认为将来一定会有一个更先进和深刻的理论，这个理论包含很多没有出现在量子理论中的隐藏变量（简称隐变量），通过这些隐变量人们就可以摆脱概率进而准确预言测量结果.

　　我们用骰子来进一步解释什么是隐变量理论. 当我们用概率理论来描述掷骰子时，这个理论只和骰子的形状和骰子质量分布的均匀性有关. 如果骰子不是正立方体，比如某个面明显小于其他五个面，骰子各个面出现的概率就会受到影响. 如果制作骰子的材料不均匀或被人有意做了手脚，那么它的质心就不会正好在立方体的中心，这也会影响骰子六个面出现的概率. 其他因素，比如骰子的大小、制作骰子的材料、桌面的材料、骰子如何与桌面碰撞等都不会影响骰子六个面出现的概率. 但对于那个聪明的物理学家小量，骰子的大小、制作骰子的材料、桌面的材料等因素都必须考虑. 在考虑了这些因素后，小量就可以放弃概率理论，编写一个计算机程序来准确预言骰子的哪个面会朝上. 小量考虑的这些额外因素对于骰子的概率理论来说就是 "隐藏的" 变量：这些因素确实会影响骰子的运动，但却不会影响骰子的概率. 也就是说，小量通过引入 "隐变量"，建立了一个全面的，能准确预言骰子结果的理论. 提倡隐变量理论的物理学家认为，他们也可以通过引入隐变量建立一个更先进和全面的物理理论来准确预言自旋的方向.

　　这种关于隐变量的争论曾经长期停留在哲学层面，争辩双方各执一词，无法定论. 后来贝尔指出，如果只对一个粒子或自旋进行测量，你是无法从实验上来区分量子力学的概率和通常的概率的，为了区别它们，必须考虑至少两个粒子或自旋. 贝尔证明了一个著名的不等式，他发现自旋间的概率关联会违反这个不等式，而骰子间的概率关联不会. 这就为这个争论指明了一条实验检验的途径. 迄今为止，所有的实验都表明隐变量理论不存在，也就是说，一个量子态被希尔伯特空间中的一个向量完整描述，量子态对测量结果只能给出概率性的预测. 在第七章，我们将证明贝尔的不等式，进一步阐释量子态的概率内涵.

前面已经介绍了, 量子态是希尔伯特空间的一个向量. 但是量子态和希尔伯特空间的向量不是一一对应的: 向量 $|\psi\rangle$ 和向量 $|\tilde{\psi}\rangle = c|\psi\rangle$ 对应同一个量子态. 归一化条件要求 $\langle\psi|\psi\rangle = \langle\tilde{\psi}|\tilde{\psi}\rangle = 1$, 所以 $|c|^2 = 1$. 至于它们为什么是同一个态, 在本章的末尾有解释. 细心的读者可能已经注意到了 (5.3) 式和 (5.4) 式描述的两个自旋态有些区别: $|d\rangle$ 前面的系数一个是实数而另一个是虚数. 虽然它们对测量结果的预测是相同的, 都是 1/6 的概率向上和 5/6 的概率向下, 但它们是不同的自旋态. 如果 $|\psi_{1/6}\rangle$ 和 $|\psi'_{1/6}\rangle$ 对应同一个量子态, 必须有

$$\sqrt{\frac{1}{6}}|u\rangle + \sqrt{\frac{5}{6}}|d\rangle = c\sqrt{\frac{1}{6}}|u\rangle + ci\sqrt{\frac{5}{6}}|d\rangle. \tag{5.5}$$

$|u\rangle$ 前的系数应该相等, 这要求 $c = 1$. $|d\rangle$ 前的系数也应该相等, 这要求 $c = -i$. 两个条件不可能同时满足, 所以 $|\psi_{1/6}\rangle$ 和 $|\psi'_{1/6}\rangle$ 是不同的量子态或自旋态. 对于我们现在讨论的问题, 这两个自旋态会给出相同的结果. 但是如果我们改变施特恩 – 格拉赫实验中的磁场方向, 这两个自旋态会给出不同的测量结果. 我们在第 5.5 节会进一步讨论.

5.4　可观测量和算符

我们前面介绍了, 自旋有向上、向下两个状态: $|u\rangle$ 和 $|d\rangle$, 相应地在施特恩 – 格拉赫实验中, 我们会观测到上下两个斑点. 在这些讨论中, 为了简单起见, 我故意做了些模糊处理, 描述得不是很严谨, 特别是没有解释为什么 $|u\rangle$ 和 $|d\rangle$ 分别描述了自旋的向上和向下两个状态.

描述一个量子系统运动状态的是抽象的希尔伯特空间里的一个向量 $|\psi\rangle$, 但是实验上是无法直接观测 $|\psi\rangle$ 的. 为了将抽象的 $|\psi\rangle$ 和现实世界的物理观测联系起来, 量子力学引入了可观测量（observable）和算符（operator）的

概念. 前面的施特恩–格拉赫实验是在测量可观测量——自旋沿 z 方向的分量，对应的算符是泡利矩阵 $\hat{\sigma}_z$. 那么这些算符是如何和实验观测联系起来的呢？这种联系是通过矩阵的本征态和本征值建立起来的.

泡利矩阵 $\hat{\sigma}_z$ 是一个 2×2 厄米矩阵，有两个本征态和两个实数本征值. 通过直接计算我们很容易验证

$$\hat{\sigma}_z|u\rangle = \begin{pmatrix} 1 & 0 \\ 0 & -1 \end{pmatrix} \begin{pmatrix} 1 \\ 0 \end{pmatrix} = \begin{pmatrix} 1 \\ 0 \end{pmatrix} = |u\rangle, \tag{5.6}$$

$$\hat{\sigma}_z|d\rangle = \begin{pmatrix} 1 & 0 \\ 0 & -1 \end{pmatrix} \begin{pmatrix} 0 \\ 1 \end{pmatrix} = \begin{pmatrix} 0 \\ -1 \end{pmatrix} = -|d\rangle. \tag{5.7}$$

所以 $|u\rangle$ 和 $|d\rangle$ 都是 $\hat{\sigma}_z$ 的本征态，相应的本征值分别是 1 和 -1. 对于一个可观测量，量子力学规定观测的结果是相应算符的本征值. 因此对于算符 $\hat{\sigma}_z$ 的测量结果只可能是 ± 1，在施特恩–格拉赫实验里分别对应上下两个斑点. 如果自旋处于 $|u\rangle$ 态，实验上只能观测到自旋分量向上，对应银原子飞向上面的斑点；如果自旋处于 $|d\rangle$ 态，实验上只能观测到自旋分量向下，对应银原子飞向下面的斑点. 如果自旋处于前面提到的态 $|\psi_{1/6}\rangle = \sqrt{1/6}|u\rangle + \sqrt{5/6}|d\rangle$，那么银原子会有 $1/6$ 的概率向上飞，$5/6$ 的概率向下飞.

从上面简单的介绍可以看出：量子力学和经典力学非常不一样. 在经典力学里，描述粒子运动状态的是位置 x 和动量 p，可观测量也是位置 x 和动量 p，观测值还是位置 x 和动量 p. 在量子力学里，运动状态、可观测量、观测结果则是互不相同的概念：运动状态是希尔伯特空间中的一个向量；可观测量是算符（或矩阵）；观测结果则是算符的本征值.

5.5　任意方向的自旋

前面讨论的是自旋沿 z 轴的分量. 如果只有一个磁场，我们总是可以设定它的方向是沿 z 轴的. 但我们将来会碰到更复杂的问题，比如在第七章将

介绍的双自旋施特恩–格拉赫实验中，两边的磁场方向可以不同，在这种情况下，我们就必须考虑如何描述一个指向任意方向的自旋.

我们用实空间的单位向量 $\boldsymbol{n} = \{n_x, n_y, n_z\}$ 来表示自旋的方向（见图 5.3）. 由于 $\boldsymbol{n}$ 是单位向量，$n_x^2 + n_y^2 + n_z^2 = 1$. 利用 $\boldsymbol{n}$，结合泡利矩阵，我们构造下面这个算符：

$$\boldsymbol{n} \cdot \hat{\boldsymbol{\sigma}} = n_x \hat{\sigma}_x + n_y \hat{\sigma}_y + n_z \hat{\sigma}_z = \begin{pmatrix} n_z & n_x - \mathrm{i}n_y \\ n_x + \mathrm{i}n_y & -n_z \end{pmatrix}. \tag{5.8}$$

显然这是一个厄米矩阵. 考虑一个特殊情况，自旋沿 z 方向，即 $\boldsymbol{n} = \{0,0,1\}$，这时我们有 $\boldsymbol{n} \cdot \hat{\boldsymbol{\sigma}} = \hat{\sigma}_z$. 前面已经讨论了，$\hat{\sigma}_z$ 的本征态是 $|u\rangle$ 和 $|d\rangle$，它们相应的本征值是 1 和 -1.

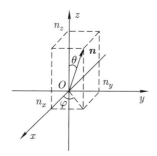

图 5.3　三维实空间中的单位向量

考虑另一个特殊情况：自旋沿 x 方向，即 $\boldsymbol{n} = \{1,0,0\}$，这时有 $\boldsymbol{n} \cdot \hat{\boldsymbol{\sigma}} = \hat{\sigma}_x$，算符 $\hat{\sigma}_x$ 代表的可观测量是自旋沿 x 轴的分量. 我们定义两个自旋态

$$|f\rangle = \frac{1}{\sqrt{2}}(|u\rangle + |d\rangle) = \frac{1}{\sqrt{2}} \begin{pmatrix} 1 \\ 1 \end{pmatrix} \tag{5.9}$$

和

$$|b\rangle = \frac{1}{\sqrt{2}}(|u\rangle - |d\rangle) = \frac{1}{\sqrt{2}} \begin{pmatrix} 1 \\ -1 \end{pmatrix}. \tag{5.10}$$

通过直接运算，我们可以验证

$$\hat{\sigma}_x|f\rangle = |f\rangle \,, \quad \hat{\sigma}_x|b\rangle = -|b\rangle, \tag{5.11}$$

这表明 $|f\rangle$ 和 $|b\rangle$ 是算符 $\hat{\sigma}_x$ 的两个本征态, 分别表示向 "前" 和向 "后" 两个自旋态, 其对应的本征值分别是 ± 1. 在施特恩–格拉赫实验中, 这对应于将磁场方向改为 x 轴, 这时我们将观察到前后两个斑点. 对于 $\hat{\sigma}_y$, 我们也有两个本征态, 它们分别是

$$|r\rangle = \frac{1}{\sqrt{2}}(|u\rangle + \mathrm{i}|d\rangle) = \frac{1}{\sqrt{2}}\begin{pmatrix} 1 \\ \mathrm{i} \end{pmatrix} \tag{5.12}$$

和

$$|l\rangle = \frac{1}{\sqrt{2}}(|u\rangle - \mathrm{i}|d\rangle) = \frac{1}{\sqrt{2}}\begin{pmatrix} 1 \\ -\mathrm{i} \end{pmatrix}. \tag{5.13}$$

同样, 我们可以验证

$$\hat{\sigma}_y|r\rangle = |r\rangle \ , \ \hat{\sigma}_y|l\rangle = -|l\rangle, \tag{5.14}$$

所以相应的本征值也是 ± 1.

考虑一般情况: 自旋沿任意方向. 我们用角度变量来重写方向 (见图 5.3):

$$\boldsymbol{n} = \{\sin\theta\cos\varphi, \sin\theta\sin\varphi, \cos\theta\}. \tag{5.15}$$

这时有

$$\boldsymbol{n} \cdot \hat{\boldsymbol{\sigma}} = \begin{pmatrix} \cos\theta & \sin\theta\mathrm{e}^{-\mathrm{i}\varphi} \\ \sin\theta\mathrm{e}^{\mathrm{i}\varphi} & -\cos\theta \end{pmatrix}. \tag{5.16}$$

可以验证算符 $\boldsymbol{n} \cdot \hat{\boldsymbol{\sigma}}$ 的本征态是

$$|n_+\rangle = \begin{pmatrix} \cos\dfrac{\theta}{2} \\ \mathrm{e}^{\mathrm{i}\varphi}\sin\dfrac{\theta}{2} \end{pmatrix} \ , \ |n_-\rangle = \begin{pmatrix} \sin\dfrac{\theta}{2} \\ -\mathrm{e}^{\mathrm{i}\varphi}\cos\dfrac{\theta}{2} \end{pmatrix}, \tag{5.17}$$

对应的本征值分别是 ± 1, 也就是

$$\boldsymbol{n} \cdot \hat{\boldsymbol{\sigma}}|n_+\rangle = |n_+\rangle \ , \ \boldsymbol{n} \cdot \hat{\boldsymbol{\sigma}}|n_-\rangle = -|n_-\rangle. \tag{5.18}$$

这就是说，无论磁场方向如何，施特恩–格拉赫实验中只会观测到两个斑点. 从物理角度，这非常容易理解：毕竟 z 轴没有什么特殊的.

但有时候，施特恩–格拉赫实验中可能只观测到一个斑点. 比如，当自旋处于 $|u\rangle$ 态时，如果磁场方向沿 z 轴，那么实验上只会观测到一个斑点. 事实上，对于任意一个（5.2）式给出的自旋态，我们总是可以找到一个方向 $\boldsymbol{n}$，使得它满足

$$\boldsymbol{n} \cdot \hat{\boldsymbol{\sigma}}|\psi\rangle = |\psi\rangle. \tag{5.19}$$

通过和（5.17）式比较，我们可以确定 $\boldsymbol{n}$ 和 c_1, c_2 的关系：$c_1 = \cos\dfrac{\theta}{2}$, $c_2 = \sin\dfrac{\theta}{2}\mathrm{e}^{\mathrm{i}\varphi}$. 这个结果的物理含义是：在施特恩–格拉赫实验中，如果把那个高温炉换成一个更精巧的粒子源，它产生的银原子总是处于同一个自旋态，那么我们可以调节磁场的方向，使得检测屏上只有一个斑点.

在第 5.3 节的末尾，我们从数学上阐述了自旋态 (5.3) 和 (5.4) 是不同的，现在我们看看它们物理上的区别. 在施特恩–格拉赫实验中，我们将磁场方向调整为 x 轴，即观测自旋沿 x 轴的分量. 在第四章中，我们说过任意两个正交归一的向量都可以用作二维希尔伯特空间的基. 我们选 $\hat{\sigma}_x$ 的两个本征态 $|f\rangle$ 和 $|b\rangle$ 为基，将自旋态 (5.3) 用它们展开：

$$|\psi_{1/6}\rangle = c_1|f\rangle + c_2|b\rangle. \tag{5.20}$$

为了得到 c_1，对上式两边左乘 $\langle f|$，利用 $\langle f|f\rangle = 1$ 和 $\langle f|b\rangle = 0$，有

$$c_1 = \langle f|\psi_{1/6}\rangle = \frac{\sqrt{5}+1}{2\sqrt{3}}. \tag{5.21}$$

类似地有

$$c_2 = \langle b|\psi_{1/6}\rangle = \frac{1-\sqrt{5}}{2\sqrt{3}}. \tag{5.22}$$

所以测得自旋向前和向后的概率分别是

$$|c_1|^2 = \frac{3+\sqrt{5}}{6} \approx 0.873\,, \quad |c_2|^2 = \frac{3-\sqrt{5}}{6} \approx 0.127. \tag{5.23}$$

同样，我们可以展开（5.4）式给出的自旋态：

$$|\psi'_{1/6}\rangle = c'_1|f\rangle + c'_2|b\rangle, \tag{5.24}$$

其中

$$c'_1 = \langle f|\psi'_{1/6}\rangle = \frac{1 + i\sqrt{5}}{2\sqrt{3}} \ , \ c'_2 = \langle b|\psi'_{1/6}\rangle = \frac{1 - i\sqrt{5}}{2\sqrt{3}}. \tag{5.25}$$

这样测得自旋向前和向后的概率分别是

$$|c'_1|^2 = |c'_2|^2 = \frac{1}{2}. \tag{5.26}$$

这些计算表明 $|\psi_{1/6}\rangle$ 和 $|\psi'_{1/6}\rangle$ 在物理上是非常不一样的：$|\psi'_{1/6}\rangle$ 向前和向后的概率是一样的，而 $|\psi_{1/6}\rangle$ 向前和向后的概率差别很大.

我们能不能同时测量 $\hat{\sigma}_x$ 和 $\hat{\sigma}_z$? 这样我们会不会看到四个斑点? 这是不可能的. 在操作上，这就是要在施特恩–格拉赫实验中同时加一个沿 x 轴的磁场和一个沿 z 轴的磁场，但结果是你得到了一个沿 $\boldsymbol{n} = \{n_x, 0, n_z\}$ 方向的磁场，并不是两个磁场. 实验结果是沿 $\boldsymbol{n} = \{n_x, 0, n_z\}$ 方向的两个斑点，而不是四个斑点.

另外，在理论上，我们发现算符 $\hat{\sigma}_x$ 和 $\hat{\sigma}_z$ 不对易：

$$[\hat{\sigma}_x, \hat{\sigma}_z] \equiv \hat{\sigma}_x\hat{\sigma}_z - \hat{\sigma}_z\hat{\sigma}_x = -2i\hat{\sigma}_y, \tag{5.27}$$

这里 $[\hat{o}_1, \hat{o}_2] \equiv \hat{o}_1\hat{o}_2 - \hat{o}_2\hat{o}_1$ 称作算符 $\hat{o}_1$ 和 $\hat{o}_2$ 的对易子. 类似地，有

$$[\hat{\sigma}_x, \hat{\sigma}_y] = 2i\hat{\sigma}_z \ , \ [\hat{\sigma}_y, \hat{\sigma}_z] = 2i\hat{\sigma}_x. \tag{5.28}$$

所以 $\hat{\sigma}_x$, $\hat{\sigma}_y$ 和 $\hat{\sigma}_z$ 这三个算符互不对易，根据量子力学，它们代表的三个可观测量不可能同时有确定的测量结果. 这就是著名的海森堡不确定性关系. 这和施特恩–格拉赫实验中不能同时测量沿 x 轴和沿 z 轴的自旋分量有关系吗? 我认为没有. 我们会在第八章里详细讨论.

在结束对单个自旋的讨论前, 我们有必要再次强调一下, 尽管 (5.2) 式表示的自旋态只能对测量结果给出一个概率性的预测, 但这并不意味着 (5.2) 式是不完整的. 在量子力学的理论框架里, (5.2) 式给出了自旋态的完整描述, 我们不可能给出更准确和更完美的描述.

在通常的概率论里, 如果结果 w_j 发生的概率是 p_j, 那么平均结果是 $\bar{w} = \sum_j w_j p_j$. 对于一个量子态 $|\psi\rangle$, 也可以定义某个可观测量的 "平均值", 不过, 在量子力学里, 大家习惯地把这个 "平均值" 叫作期望值. 对于自旋态 $|\psi\rangle$, 自旋算符 $\boldsymbol{n} \cdot \hat{\boldsymbol{\sigma}}$ 期望值的定义是

$$\langle \psi | \boldsymbol{n} \cdot \hat{\boldsymbol{\sigma}} | \psi \rangle. \tag{5.29}$$

直接的计算可以验证如下两个期望值:

$$\langle u | \hat{\sigma}_z | u \rangle = 1 \ , \ \langle u | \hat{\sigma}_x | u \rangle = 0. \tag{5.30}$$

这些结果和我们对 "平均值" 的通常理解完全一致. 由于 $|u\rangle$ 是 $\hat{\sigma}_z$ 的本征态, 每次测量的结果都是一样的, 所以 $\langle u | \hat{\sigma}_z | u \rangle = 1$. 由于 $|u\rangle = (|f\rangle + |b\rangle)/\sqrt{2}$, 所以针对 $\hat{\sigma}_x$ 的测量结果有 50% 概率是 1, 50% 概率是 -1, 这样期望值是零.

5.6　量子力学的基本原则

我们以自旋为例子将大家引入量子之门, 向大家介绍了量子力学的基本框架. 现在我们把这个理论框架概括和推广一下.

（1）量子态. 一个量子体系的运动状态是希尔伯特空间里的一个向量. 对于前面讨论的自旋, 希尔伯特空间的维数是 2. 一般的量子体系的希尔伯特空间的维数是 n, 这个 n 可以是无穷大. 对一个 n 维的希尔伯特空间, 我们总是可以找到 n 个正交归一的基 $|e_n\rangle$, 而任何一个量子态可以表达成这些正交

归一基的线性叠加：

$$|\psi\rangle = \sum_{j=1}^{n} c_j |e_j\rangle. \tag{5.31}$$

展开系数 c_j 被称作量子态 $|\psi\rangle$ 在基矢 $|e_j\rangle$ 上的投影系数，等于 $|\psi\rangle$ 和 $|e_j\rangle$ 的内积，即 $c_j = \langle e_j|\psi\rangle$. 这些展开系数被要求满足归一化条件

$$\sum_{j=1}^{n} |c_j|^2 = 1. \tag{5.32}$$

（2）可观测量. 量子力学中的可观测量由厄米算符表示，数学上由厄米矩阵表达. 前面讨论的和自旋相关的泡利矩阵都是可观测量. 对于一个可观测量 $\hat{O}$，它的本征态 $|\phi_j\rangle$ 满足 $\hat{O}|\phi_j\rangle = v_j|\phi_j\rangle$，而相应的本征值对应一个可能的测量结果. 对于量子态 $|\psi\rangle$，测量结果的期望值是 $\langle\psi|\hat{O}|\psi\rangle$.

（3）概率解释. 任何一个量子态可以表达成可观测量 $\hat{O}$ 的本征态 $|\phi_j\rangle$ 的线性叠加[2]：

$$|\psi\rangle = \sum_{j=1}^{n} a_j |\phi_j\rangle. \tag{5.33}$$

$|a_j|^2 = |\langle\phi_j|\psi\rangle|^2$ 是这个量子态处于本征态 $|\phi_j\rangle$ 的概率. 如果对这个量子态进行测量 $\hat{O}$，那么测量结果是 v_j 的概率是 $|a_j|^2$.

以上就是量子力学的基本框架，但是还不全，因为还没有动力学，即一个量子态如何随时间变化. 我们将在第六章介绍量子动力学.

这些量子力学的基本原则有一个非常重要的推论：一个量子态的总体相位是没有任何物理意义的. 换句话说就是，向量 $|\psi\rangle$ 和 $|\psi'\rangle = \mathrm{e}^{i\theta}|\psi\rangle$（$\theta$ 是一个常实数）表示同一个量子态. $|\psi\rangle$ 和 $|\psi'\rangle$ 的期望值是一样的：

$$\langle\psi'|\hat{O}|\psi'\rangle = \langle\psi|\mathrm{e}^{-i\theta}\hat{O}\mathrm{e}^{i\theta}|\psi\rangle = \langle\psi|\mathrm{e}^{-i\theta}\mathrm{e}^{i\theta}\hat{O}|\psi\rangle = \langle\psi|\hat{O}|\psi\rangle, \tag{5.34}$$

---

② 本征态的个数有可能小于希尔伯特空间的维数，本书不讨论这种情况.

处于本征态 $|\phi_j\rangle$ 的概率也是一样的：

$$|\langle\phi_j|\psi'\rangle|^2 = |\langle\phi_j|\mathrm{e}^{\mathrm{i}\theta}|\psi\rangle|^2 = |\langle\phi_j|\psi\rangle|^2|\mathrm{e}^{\mathrm{i}\theta}|^2 = |a_j|^2. \tag{5.35}$$

总之，在物理上 $|\psi\rangle$ 和 $|\psi'\rangle = \mathrm{e}^{\mathrm{i}\theta}|\psi\rangle$ 没有任何区别，它们表示同一个量子态.

量子理论的基本框架和经典力学的框架非常不一样. 表 5.1 是经典力学和量子力学的直接比较.

表 5.1　经典力学与量子力学比较

	经典力学	量子力学
运动状态	动量 p、位置 x	希尔伯特空间中的一个向量 $|\psi\rangle$
可观测量	动量 p、位置 x	矩阵算符，比如动量算符 $\hat{p}$、位置算符 $\hat{x}$、自旋算符 $\boldsymbol{n}\cdot\hat{\boldsymbol{\sigma}}$
观测结果	动量 p、位置 x	矩阵算符的本征值
观测的确定性	确定	不确定，概率

从这个表可以看出，在经典力学里运动状态、可观测量、观测结果是同一个东西，而在量子力学里，这三个概念是独立的. 在经典力学的教科书里，老师在课堂上讲授经典力学时，没有人会强调粒子的动量和位置具有这三重身份，我们只是在了解了量子力学之后才意识到了这一点. 这也使得我们初识量子力学时会觉得它陌生和不好理解.

我们将在第六章介绍位置算符 $\hat{x}$ 和动量算符 $\hat{p}$.

第六章 量子动力学

经典力学的核心是研究各种粒子或体系的运动，即它们的运动状态是如何随时间变化的. 一个系统运动状态随时间的变化就是动力学. 在经典力学里，动力学遵从牛顿第二定律. 在本章我们介绍量子态是如何随时间变化的，即量子动力学. 描述量子态随时间变化的方程叫薛定谔方程. 为了避免烦琐的数学，我们将侧重于薛定谔方程的基本性质，而不是如何解薛定谔方程. 我们还将介绍它的推论——态叠加原理，以及相关的量子不可克隆定理和量子干涉现象.

6.1 薛定谔方程

第一位正确描述量子态如何随时间演化的物理学家是薛定谔. 在他之前，海森堡提出了一个量子动力学方程，这个方程现在叫海森堡方程. 但海森堡方程方程描述的是可观测量或算符如何随时间演化，而不是量子态. 狄拉克后来指出，薛定谔方程和海森堡方程在物理上是等价的. 在实践中，人们发现在大多数情况下薛定谔方程使用起来更方便，所以我们主要介绍薛定谔方程.

薛定谔最初写下的方程是三维的，这里为了简单，我们写下它的一维数学形式

$$i\hbar\frac{\partial}{\partial t}\psi(x,t) = -\frac{\hbar^2}{2m}\frac{\partial^2}{\partial x^2}\psi(x,t) + V(x)\psi(x,t). \tag{6.1}$$

这种方程在数学上叫偏微分方程，求解这类方程涉及的数学知识超越了本书的范围，我们将只简单地介绍它的一些特征和性质. 上式中的 $\psi(x,t)$ 叫波函数，它描述粒子所处的量子态，它的模平方 $|\psi(x,t)|^2$ 告诉我们在时刻 t 在空间点 x 发现这个粒子的概率. 公式 (6.1) 左边是波函数 $\psi(x,t)$ 随时间的变化，右边是波函数 $\psi(x,t)$ 随空间的变化. 薛定谔方程就是将两种变化联系起来.

薛定谔方程中的 m 是粒子的质量，而 $V(x)$ 是这个粒子感受到的外势. 在第三章，我们介绍了两个系统——自由落体和简谐振子. 对于它们，$V(x)$ 分别等于 $-mgx$ 和 $\frac{1}{2}m\omega^2x^2$. 非常有趣的是，质量和外势都是典型的和粒子相关的概念，而 $\psi(x,t)$ 则描述某种波动行为. 薛定谔方程将这两个非常不同的侧面神奇而有机地结合在了一起，是波粒二象性的一种具体的数学体现.

薛定谔方程的左右两侧都含有普朗克常数 $\hbar$，所以从这个方程里得到的绝大多数结果都会和普朗克常数 $\hbar$ 有关. 但有些时候，我们也可以从薛定谔方程中得到一些和普朗克常数 $\hbar$ 无关的结果. 我们举个例子：简谐振子的经典运动我们在第三章中讨论过，它的位置和动量都会随时间周期变化，变化的周期是 $T = 2\pi/\omega$. 在量子力学里，简谐振子的运动状态可以用一个波函数 $\phi(x,t)$ 描述，这个波函数会按照薛定谔方程随时间演化. 通过求解简谐振子的薛定谔方程，我们会发现它的波函数 $\phi(x,t)$ 也会周期变化，而且变化周期也是 T，即 $\phi(x,t) = \phi(x,t+T)$. 这个结果中非常有趣的地方是它和普朗克常数 $\hbar$ 一点关系都没有：经典振荡周期和量子振荡周期完全一样. 至于如何具体求解简谐振子的薛定谔方程，有兴趣的读者请参考狄拉克的《量子力学原理》.

上面这个例子虽然很特殊，但是它揭示了一个非常重要的普遍关系：尽管薛定谔方程和牛顿的力学方程看起来有天壤之别，但它们描述的运动是有一定联系的. 物理学家发现经典运动可以看成量子运动的一种近似，系统能量越高这种近似越好. 也就是说，一个系统能量越高它的量子运动就越接近经典运动. 简谐振子是一个特殊的系统，在能量很低时它的量子运动也很像经典运动. 下面我们介绍哈密顿算符时会重新讨论这种量子–经典对应关系.

6.2　波　函　数

第五章介绍的量子力学的基本原则中有一条是：描述一个粒子或系统的量子态是希尔伯特空间中的向量. 在薛定谔方程里，我们用波函数 $\psi(x)$ 描述了一个粒子的量子态. 乍一看它们非常不一样. 其实波函数也是一个希尔伯特空间里的向量，只是这个希尔伯特空间有无穷维. 为了看出波函数和希尔伯特空间的联系，我们考虑一个简单的系统——一个运动在一维点阵上的粒子 [见图 6.1(a)]. 最简单的情况是，粒子只能处于格点 x_1，这时我们说它的量子态是 $|x_1\rangle$，是一个一维希尔伯特空间里的向量. 这是一个非常无趣的系统，粒子只能待在一个格点上，物理上非常平庸.

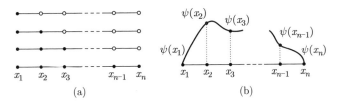

图 6.1　(a) 一维点阵. 从上往下，粒子允许占据的格点数从 1 逐渐增大到 n. (b) 一维连续空间上的波函数

稍微复杂一点的情况是，粒子可以处于两个格点 x_1 和 x_2. 这时，粒子有两个可能的量子态：$|x_1\rangle$ 或 $|x_2\rangle$. 这两个量子态 $|x_1\rangle$ 和 $|x_2\rangle$ 满足正交归一条件 $\langle x_1|x_1\rangle = \langle x_2|x_2\rangle = 1$ 和 $\langle x_1|x_2\rangle = 0$，它们张成一个二维希尔伯特空间. 这个希尔伯特空间里的任意一个量子态可以写成 $\psi(x_1)|x_1\rangle + \psi(x_2)|x_2\rangle$. 这个量子态表示粒子处于格点 x_1 的概率是 $|\psi(x_1)|^2$，处于 x_2 的概率是 $|\psi(x_2)|^2$. 物理一下变得有趣多了：粒子不但可以同时处于两个不同的格点，还可以按照薛定谔方程在两个格点间跳跃.

以此类推，如果这个粒子可以处于 n 个格点，那么它可能的量子态有

$$|x_1\rangle, |x_2\rangle, |x_3\rangle, \cdots, |x_{n-1}\rangle, |x_n\rangle. \tag{6.2}$$

这些量子态 $|x_j\rangle$ 同样满足正交归一条件[①]

$$\langle x_j|x_j\rangle = 1 \ , \ \langle x_i|x_j\rangle = 0 \ (i \neq j). \tag{6.3}$$

它们张成了一个 n 维的希尔伯特空间. 这个希尔伯特空间中的一般向量可以写成

$$|\psi\rangle = \sum_{j=1}^{n} \psi(x_j)|x_j\rangle. \tag{6.4}$$

这些系数满足归一化条件 $\sum_{j=1}^{n} |\psi(x_j)|^2 = 1$. 向量 $|\psi\rangle$ 描述的量子态表示粒子在格点 x_j 的概率是 $|\psi(x_j)|^2$.

　　现在我们想象这样一个极限过程: 保持最左和最右格点间的距离不变, 将格点数增到无穷大. 它的结果就是一个连续的线段, 而系数 $\psi(x_j)$ 则变成这个线段上的一个连续函数 $\psi(x)$ [见图 6.1(b)]. 这样我们就看出了波函数 $\psi(x)$ 确实是无限维希尔伯特空间中的一个向量. 这个结果可以直接推广到一个无穷长的线段和更高维的空间. 在 (6.4) 式的两边左乘 $\langle x_i|$, 我们会得到 $\psi(x_i) = \langle x_i|\psi\rangle$. 在连续极限下, 它会变成

$$\psi(x) = \langle x|\psi\rangle. \tag{6.5}$$

这个公式展示了如何用狄拉克符号来表示波函数 $\psi(x)$.

6.3　哈密顿算符和幺正演化

　　(6.1) 式中的薛定谔方程只涉及了粒子的空间自由度, 它不能描述具有自旋的粒子. 后来人们将薛定谔方程推广成一个更简洁的形式

$$i\hbar\frac{\mathrm{d}}{\mathrm{d}t}|\psi(t)\rangle = \hat{H}|\psi(t)\rangle. \tag{6.6}$$

[①]　这些量子态 $|x_j\rangle$ 大致可以理解为一类特殊的函数 $\delta(x - x_j)$, 这个函数在 x_j 点为无穷大, 其他地方为零. 利用 δ 函数, 正交条件可以写成 $\langle x_i|x_j\rangle = \delta(x_i - x_j)$. 数学上比较严格的关于 δ 函数的讨论可以参见狄拉克的《量子力学原理》.

这里的 $\hat{H}$ 叫作哈密顿算符. 和 (6.1) 式对应的哈密顿算符是

$$\hat{H} = -\frac{\hbar^2}{2m}\frac{\partial^2}{\partial x^2} + V(x). \tag{6.7}$$

如果我们定义动量算符

$$\hat{p} = -\mathrm{i}\hbar\frac{\partial}{\partial x}, \tag{6.8}$$

就有

$$\hat{H} = \frac{\hat{p}^2}{2m} + V(x). \tag{6.9}$$

这和前面的经典哈密顿量 $H = p^2/2m + V(x)$ 几乎是一样的, 唯一的区别是经典动量 p 被一个算符 $\hat{p}$ 代替了. 我们在前面提到, 一个系统能量很高时, 它的量子运动和经典运动非常接近, 这种普遍的量子–经典对应的根源就在于量子哈密顿算符和经典哈密顿量之间的相似性. 对于自旋, $\hat{H}$ 会具有完全不同的形式. 比如, 当自旋处于一个沿 z 方向的磁场里时, 它的哈密顿算符 $\hat{H} = \mu_{\mathrm{b}}B\hat{\sigma}_{\mathrm{z}}$, 这里 μ_{b} 是自旋携带的磁矩而 B 是磁场的强度. 经典力学里没有和自旋哈密顿算符对应的哈密顿量.

哈密顿量或算符在现代物理中占据了极其重要的地位, 它是数学家哈密顿 (Sir William Rowan Hamilton, 1805—1865) 在 1833 年引入的. 哈密顿发现他可以从哈密顿量出发严格地重新推导出牛顿力学. 也就是说, 哈密顿把牛顿力学放入了一个新数学框架. 量子力学颠覆了经典力学 (即牛顿力学) 中的许多基本概念. 但是哈密顿量不但没有被量子力学抛弃, 反而被提升为哈密顿算符, 成为薛定谔方程的核心, 是理解一切量子体系物理性质的基础.

考虑一个量子体系, 它在初始时刻处于量子态 $|\psi_0\rangle$. 它会按照薛定谔方程 (6.6) 在希尔伯特空间随着时间演化, 在时刻 t 演化成 $|\psi(t)\rangle$. 我们可以用一个算符或矩阵来描述这个演化, 把这个过程写成

$$|\psi(t)\rangle = \hat{U}(t)|\psi_0\rangle. \tag{6.10}$$

利用薛定谔方程 (6.6)，我们可以严格证明 $\hat{U}(t)$ 是一个幺正算符或矩阵[②]，即它满足

$$\hat{U}^\dagger(t)\hat{U}(t) = I. \tag{6.11}$$

演化算符 $\hat{U}(t)$ 是幺正的，这个事实有深刻的物理内涵. 假设有两个初始量子态 $|\psi_0\rangle$ 和 $|\phi_0\rangle$，经过时刻 t 后它们分别演化成了 $|\psi(t)\rangle$ 和 $|\phi(t)\rangle$：

$$|\psi(t)\rangle = \hat{U}(t)|\psi_0\rangle, \quad |\phi(t)\rangle = \hat{U}(t)|\phi_0\rangle. \tag{6.12}$$

利用 $\hat{U}(t)$ 的幺正性，有

$$\langle\psi(t)|\phi(t)\rangle = \langle\psi_0|\hat{U}^\dagger(t)\hat{U}(t)|\phi_0\rangle = \langle\psi_0|\phi_0\rangle. \tag{6.13}$$

这个结果表明两个量子态的内积不会随时间改变. 考察两个特例. 如果 $|\psi_0\rangle$ 和 $|\phi_0\rangle$ 正交，即 $\langle\psi_0|\phi_0\rangle = 0$，那么 $\langle\psi(t)|\phi(t)\rangle = 0$. 这就是说，如果两个量子态在初始时刻正交，那么在动力学演化过程中它们将一直保持正交. 如果 $|\psi_0\rangle = |\phi_0\rangle$，那么有

$$\langle\psi(t)|\psi(t)\rangle = \langle\psi_0|\hat{U}^\dagger(t)\hat{U}(t)|\psi_0\rangle = \langle\psi_0|\psi_0\rangle. \tag{6.14}$$

前面讲过，向量和自己的内积给出向量的长度. 上式表明描述量子态的向量在动力学演化过程中长度不变（见图 6.2）. 物理上这意味着总的概率在动力学演化过程中是守恒的. 对于我们前面讨论的自旋态

$$|\psi(t)\rangle = c_1(t)|u\rangle + c_2(t)|d\rangle, \tag{6.15}$$

这个结论意味着 $|c_1(t)|^2 + |c_2(t)|^2$ 是不会随时间改变的. 如果初始时刻有 $|c_1(0)|^2 + |c_2(0)|^2 = 1$，那么我们一直会有 $|c_1(t)|^2 + |c_2(t)|^2 = 1$. 下一节我们会给出一个描述自旋在均匀磁场中进动的幺正演化算符.

---

②　对具体证明过程感兴趣的读者可以参考狄拉克的《量子力学原理》或其他标准量子力学教科书.

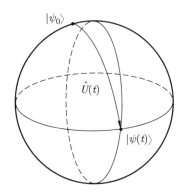

图 6.2　希尔伯特空间中的动力学演化. 量子态 $|\psi_0\rangle$ 是希尔伯特空间中的一个向量，它经过一个幺正演化 $\hat{U}(t)$ 后变成另外一个量子态 $|\psi(t)\rangle$. 演化轨迹始终在球面上表示幺正演化过程中向量的长度不变

　　幺正演化是量子信息技术的一个重要特征. 无论是量子计算还是量子通信，它们的工作模式大致是这样的：（1）构造一定数量的量子比特③；（2）将这个由量子比特构成的系统初始化到一个特定的量子态；（3）对量子比特进行一系列操控让它们的量子态发生演化或传播；（4）最后得到目标量子态. 在量子计算和量子通信中，这些操控导致的演化必须是幺正的，否则就不是量子计算和量子通信了. 但是量子信息技术中的幺正演化和我们前面讨论的幺正演化有一个重要的区别：前者一般是由外在器件对量子比特的操控实现的④，而后者是系统自身按照薛定谔方程进行的幺正演化. 这些器件的操控会不可避免地给量子比特带来"额外"的扰动，使量子比特和环境发生纠缠，量子比特不再具有确定的量子状态. 这就是所谓的退相干效应. 量子信息技术的挑战就是在维持有效操控的同时尽量减小这些操控带来的退相干效应. 我们打个比喻. 夏日里，我们既希望打开门窗通风透气又希望关上门窗防止蚊虫，解决这个矛盾的一个办法是纱门、纱窗. 科学家们在经过很多努力后发现，量子信息技术中的"纱门、纱窗"非常难造. 其中量子计算遇到的困难尤其巨大，

---

③　如果你不了解量子比特，可以把它当作一个自旋.
④　量子绝热（或退火）计算机是例外.

比人类迄今实现的任何技术都难很多. 我们将在第九章和第十章更详细地介绍量子计算和量子通信.

第五章介绍的量子力学的基本原则加上薛定谔方程就构成了一个完整的量子力学的基本框架. 如果把量子力学比作围棋, 那么我们现在已经把 "围棋" 的基本规则介绍完了. 棋下得越多、思考得越多, 你的棋就下得越好, 在围棋中也能体会到更多的快乐. 同样, 在量子力学的基本框架里练习得越多、思考得越多, 你对量子力学和自然界的理解就越深刻, 你的理解也一定会给你带来更多的快乐.

在结束本节以前, 我们介绍一下和薛定谔方程等价的海森堡方程

$$i\hbar\frac{\mathrm{d}}{\mathrm{d}t}\hat{O}(t) = [\hat{O}(t), \hat{H}], \tag{6.16}$$

其中 $\hat{O}$ 是任意的可观测量算符. 由于算符在数学上对应矩阵, 海森堡方程又经常被称为矩阵方程. 对于动量算符 $\hat{p}$, 有

$$i\hbar\frac{\mathrm{d}}{\mathrm{d}t}\hat{p}(t) = [\hat{p}(t), \hat{H}]. \tag{6.17}$$

这个方程描述一个粒子的动量如何随时间演化, 可以看作牛顿第二定律的量子版, 从数学上, 物理学家也确实可以证明它们之间存在非常有趣而深刻的量子–经典对应. 详细介绍海森堡方程以及它和薛定谔方程的等价性超越了本书的范围, 有兴趣的读者可以参阅狄拉克的《量子力学原理》.

6.4   量子能级和本征波函数

在量子力学里, 可观测量由算符表示, 这些算符的本征值是可能的观测结果. 哈密顿算符对应的可观测量是能量, 它也有自己的本征态和本征值:

$$\hat{H}|\psi_n\rangle = E_n|\psi_n\rangle, \tag{6.18}$$

这里 $|\psi_n\rangle$ 被称作能量本征态，E_n 被称作本征能级或量子能级. 物理学家认为一个量子体系的物理性质全部隐含在哈密顿算符里, 而求解一个哈密顿算符的本征态和本征值往往是揭示这些物理性质最重要和最关键的一步. 为了避免繁杂的数学, 我们用两个简单的例子来演示如何求解一个量子系统的能量本征态和本征能级.

作为第一个例子, 我们考虑一个在磁场 $\boldsymbol{B}$ 中的自旋. 它的哈密顿量是

$$\hat{H}_{\rm s} = \mu_{\rm b} \boldsymbol{B} \cdot \hat{\boldsymbol{\sigma}} \tag{6.19}$$

其中 $\mu_{\rm b}$ 是自旋的磁矩, 它的取值依赖于自旋的载体, 比如质子自旋所带磁矩不到电子自旋所带磁矩的千分之一. 这个哈密顿量和前面介绍的算符 $\boldsymbol{n} \cdot \hat{\boldsymbol{\sigma}}$ 是等价的. 如果同样用角度 θ 和 φ 来表示 $\boldsymbol{B}$ 的方向, 即 $\boldsymbol{B} = B(\sin\theta\cos\varphi, \sin\theta\sin\varphi, \cos\theta)$, $\hat{H}_{\rm s}$ 的两个能量本征态和 (5.17) 式完全一致:

$$|E_+\rangle = \begin{pmatrix} \cos\dfrac{\theta}{2} \\ \mathrm{e}^{\mathrm{i}\varphi}\sin\dfrac{\theta}{2} \end{pmatrix}, \quad |E_-\rangle = \begin{pmatrix} \sin\dfrac{\theta}{2} \\ -\mathrm{e}^{\mathrm{i}\varphi}\cos\dfrac{\theta}{2} \end{pmatrix}. \tag{6.20}$$

它们对应的本征能级是 $E_\pm = \pm\mu_{\rm b}B$. 让这个自旋和一束频率为 ν 的光（或电磁波）相互作用, 如果光子能量正好等于能级差, 即 $h\nu = \Delta E = E_+ - E_- = 2\mu_{\rm b}B$, 自旋会吸收一个光子后翻转方向. 这种自旋的共振吸收现象就是核磁共振成像技术的基础.

能量本征态提供了一个方便的求解动力学演化的方法. 如果自旋的初始状态是 $|\phi_0\rangle = c_1|u\rangle + c_2|d\rangle$, 我们可以这样来求解时刻 t 的自旋态. 我们先将 $|\phi_0\rangle$ 用能量本征态 $|E_\pm\rangle$ 展开:

$$|\phi_0\rangle = (c_1\cos\frac{\theta}{2} + c_2\mathrm{e}^{-\mathrm{i}\varphi}\sin\frac{\theta}{2})|E_+\rangle + \left(c_1\sin\frac{\theta}{2} - c_2\mathrm{e}^{-\mathrm{i}\varphi}\cos\frac{\theta}{2}\right)|E_-\rangle, \tag{6.21}$$

然后在能量本征态 $|E_\pm\rangle$ 插入相应的时间因子 $\mathrm{e}^{-\mathrm{i}E_\pm t/\hbar}$, 我们就得到了时刻 t

的自旋态

$$|\phi(t)\rangle = \left(c_1 \cos\frac{\theta}{2} + c_2 e^{-i\varphi} \sin\frac{\theta}{2}\right) e^{-i\frac{E_+ t}{\hbar}} |E_+\rangle$$
$$+ \left(c_1 \sin\frac{\theta}{2} - c_2 e^{-i\varphi} \cos\frac{\theta}{2}\right) e^{-i\frac{E_- t}{\hbar}} |E_-\rangle. \tag{6.22}$$

解释这个方法为什么是对的超越了本书的范围. 熟悉微积分的读者可以将这个解代入薛定谔方程 (6.6) 去验证它的正确性. 由于这是量子力学中最简单的系统, 让我们继续玩下去, 玩彻底. 我们将 $|\phi(t)\rangle$ 用 $|u\rangle$ 和 $|d\rangle$ 表达:

$$|\phi(t)\rangle = \left(c_1 \cos\omega t - ic_1 \cos\theta \sin\omega t - ic_2 e^{-i\varphi} \sin\theta \sin\omega t\right)|u\rangle$$
$$+ \left(c_2 \cos\omega t + ic_2 \cos\theta \sin\omega t - ic_1 e^{i\varphi} \sin\theta \sin\omega t\right)|d\rangle, \tag{6.23}$$

其中频率 $\omega = \mu_b B/\hbar$. 注意, 当 $t = \pi/\omega$ 时, $|\phi(t)\rangle = -|\phi_0\rangle$, 即自旋已经回到了初态. 所以自旋周期振动的频率是 2ω, 它被称作自旋进动频率. 我们还可以把这个动力学用幺正演化算符表达出来: $|\phi(t)\rangle = \hat{U}_s(t)|\phi_0\rangle$, 其中

$$\hat{U}_s(t) = \begin{pmatrix} \cos\omega t - i\cos\theta \sin\omega t & -ie^{-i\varphi}\sin\theta\sin\omega t \\ -ie^{i\varphi}\sin\theta\sin\omega t & \cos\omega t + i\cos\theta\sin\omega t \end{pmatrix}. \tag{6.24}$$

有兴趣的读者可以验证这个矩阵是幺正的.

在第二个例子中, 如图 6.3 所示, 我们考虑一个质量为 m 的球在一个一维的盒子里运动, 盒子是固定的, 长度是 a, 盒壁不可穿透, 球和盒壁的碰撞是弹性的 (即碰撞不会改变球的能量). 另外, 为了简单, 我们忽略球的大小, 也不考虑摩擦力. 由于球在盒子中受到的合力为零, 这相当于 (6.7) 式中的 $V(x) = 0$, 所以这个球的哈密顿算符是

$$\hat{H} = -\frac{\hbar^2}{2m}\frac{\partial^2}{\partial x^2}. \tag{6.25}$$

这时本征态方程 (6.18) 具有如下具体形式:

$$-\frac{\hbar^2}{2m}\frac{\partial^2}{\partial x^2}\psi_n(x) = E_n \psi_n(x). \tag{6.26}$$

求解这个本征方程依然需要一些微积分的知识, 我们直接给出结果. 我们建立一个坐标系, 原点是左边的盒壁. 在这个坐标系里, 本征波函数具有如下形式:

$$\psi_n(x) = \sqrt{\frac{2}{a}} \sin\left(\frac{n\pi x}{a}\right), \tag{6.27}$$

相应的量子能级是

$$E_n = \frac{n^2\pi^2\hbar^2}{2ma^2}. \tag{6.28}$$

这里 n 只能取正整数, 即 $n = 1, 2, 3, \cdots$. 有兴趣的读者可以将上面两个结果代入 (6.26) 式, 利用第三章的 (3.12), (3.13) 式验证一下, 还可以尝试用第三章的玻尔 – 索莫菲量子化规则计算这个球的能级, 并和这里的结果比较.

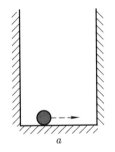

图 6.3　盒子里的小球

我们来看一下结果的物理内涵. 首先由于 n 是正整数, 本征能级 E_n 是离散的, 其中 E_1 是小球的最小能量. 由于 $E_1 > 0$, 这表明球在能量最小时还不能完全静止. 这和经典力学完全不同: 根据经典力学, 小球可以完全静止, 所以经典小球的最低能量是零. 这种非零的最低能量是一种量子效应, 是我们在第一章提到的零点振动, 和海森堡不确定性关系紧密相关.

关于本征波函数, 我们注意到 $\psi_n(0) = \psi_n(a) = 0$, 即波函数在两个盒壁处是零, 这保证了球永远也不会跑出盒子. 如果盒壁是可穿透的, 那么波函数在两个盒壁处可以不是零. 我们在图 6.4 中画出了四个本征波函数 $\psi_n(x)(n = 1, 2, 3, 4)$. 熟悉声学的读者一定知道, 声波会在各种乐器上形成驻波，这些驻波有各种不同的模式. 在数学上，声波的驻波模式和薛定谔方程的本征波函数是一样的. 作为对比，我们在图 6.4(b) 中还画了琴弦的四个振动模式，它们和图 6.4(a) 中的本征波函数几乎一模一样. 由于这种相似性，你完全可以把每个量子体系想象成一件乐器，而整个宇宙则是这些 "乐器" 合奏出的一首宏大而无比精妙的交响乐. 这首交响乐起于大爆炸，已经演奏了近 140 亿年. 这乐曲还会继续演奏上千亿年、上万亿年，以至永远. 物理学家迄今只听懂了其中很小的一部分，它美妙无比、精彩绝伦. 希望读者中有人加入，一起努力去听懂更多更美的篇章.

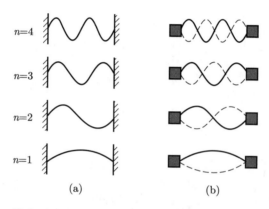

图 6.4　(a) 一维盒子中量子小球的四个本征波函数；(b) 琴弦的振动模式

1926 年薛定谔在发表的论文里不但写下了他的方程，而且求解了氢原子的本征波函数和本征能级. 薛定谔得到的氢原子的本征能级和玻尔在 1913 年用旧量子理论得到的结果完全一致，从而能解释氢原子的光谱. 但是薛定谔得到的本征波函数和玻尔的量子轨道则非常不一样. 求解氢原子的本征波函数超越了本书范围，我们直接给出结果. 图 6.5(a) 中展示的是氢原子中电子的三个能量本征波函数. 除了 1s 波函数是一个简单的球形，其他波函数都具有相当有趣的结构，并且和玻尔的量子轨道以及德布罗意的驻波模式非常不一样（见图 2.8 和图 2.15）. 其中 1s 本征波函数的能量最低，通常称为基态波函数. 化学家喜欢把这些波函数称为电子轨道, 它们是理解分子化学结构和化学反应的基础.

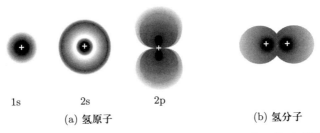

1s 　　2s 　　2p
(a) 氢原子 　　　　(b) 氢分子

图 6.5 　氢原子的三个能量本征波函数和氢分子基态本征波函数示意图. "+" 代表带正电荷的质子. 颜色越深波函数取值越大. 请和图 2.8 中的玻尔轨道以及图 2.15 中的德布罗意的电子驻波对比

波函数是抽象的无穷维希尔伯特空间里的一个向量, 但我们在日常生活中其实时时刻刻都能感受到它的存在. 一块木头、一粒沙子、一杯水都有一定的体积, 而物体的体积大小正是源自波函数. 让我们看看波函数和体积是如何联系起来的.

图 6.4(a) 这组波函数是普通的正弦函数, 数学上平淡无奇, 但是如果你联想一下它们描述的对象, 会发现它们的物理意义非常不平凡. 这些函数描述的是单个粒子——一个没有尺寸的小球, 但是它们却弥散在整个盒子的空间里. 这意味着, 如果小球是普通的足球, 这些函数其实是说足球可以同时在左半场和右半场. 这怎么可能? 对于足球, 这确实不可能, 但微观世界的粒子确实可以同时出现在空间的不同点[⑤]. 相比而言, 图 6.4(b) 中这组函数确实没有什么稀奇: 它们弥散在空间是因为其描述的是一根琴弦. 图 6.4(a) 中这组波函数不是特例, 它们反映的是量子力学里的一个普遍现象: 单个粒子可以同时出现在空间的不同点. 比如, 图 6.5 中电子的波函数同样是弥散在空间的, 这表明氢原子里虽然只有一个电子, 但这个电子可以同时存在于质子的前面

⑤ 　我们将在第八章解释宏观物体和微观粒子为什么会有这种区别.

和后面、左侧和右侧、上方和下方.

更重要的是这些弥散在空间的抽象波函数是具有 "刚性的", 不是一团软软的可以任人毫不费力揉捏的 "云". 比如图 6.5 中氢原子的 1s 电子波函数, 它是氢原子的基态波函数, 即对应的能级最低. 你如果做任何尝试去改这个波函数的形状, 氢原子的能量就一定会上升, 这意味着你必须用些 "力", 给氢原子输入些能量. 所以我们应该把图 6.5 中的 1s 波函数想象成一个极富弹性的球. 通过求解薛定谔方程, 物理学家发现这个 1s 波函数主要集中在一个半径为 0.53×10^{-10} m 的球内. 这就是通常说的氢原子的半径. 质子的半径约为 0.877×10^{-15} m, 比氢原子的半径大约小 5 个数量级, 而电子是基本粒子, 所以从量子力学的角度电子是一个点电荷, 没有半径[⑥]. 如果把质子比作一个乒乓球, 那么氢原子就和地球上所有海洋的体积差不多大. 按照日常的经验, 用乒乓球大小的质子和没有大小的电子去填满地球上所有的海洋, 我们必须有很多很多的质子和电子. 量子力学给了一个更经济更漂亮的办法: 用电子的波函数填满这个空间.

上面的结果并不局限于氢原子, 是普遍的: 电子波函数在空间的弥散程度定义了所有原子的半径. 这些原子又会组成分子. 比如图 6.5(b) 中的氢分子, 它由两个氢原子构成. 物理学家通过求解薛定谔方程发现, 当两个氢原子核距离是 0.74×10^{-10} m 时, 两个电子能形成能量最低的波函数. 距离变大或变小, 都会改变电子的波函数使得氢分子的能量升高. 所以类似于氢原子, 大自然利用两个很小的质子和两个没有大小的电子, 通过波函数构成了一个具有 "刚性" 的大十万倍的氢分子. 以此类推, 原子和分子会组合成具有更大

---

⑥　有人估算过所谓的经典电子半径: 假设电子的电荷均匀分布在一个小球里, 这样电子就有一个静电能. 再假设电子的质量都是来自这个静电能, 利用爱因斯坦的质能方程, 就可以给出电子的半径. 这样估算出来的半径大约是 2.828×10^{-15} m, 比质子半径还大. 没有任何实验证据支持这个估算. 更广泛接受的看法是电子的半径为零.

体积的物体, 如一块木头、一粒沙子、一杯水. 如果我们想改变这些物体的体积, 必须非常用力, 这时我们感受到的就是电子的波函数. 它是抽象的无穷维希尔伯特空间的一个向量, 但却和我们的生活息息相关.

6.5　态叠加原理和不可克隆定理

考虑一个量子系统, 它的一个初态 $|\phi_1(0)\rangle$ 经过动力学演化成为 $|\phi_1(t)\rangle$, 另一个初态 $|\phi_2(0)\rangle$ 经过动力学演化成为 $|\phi_2(t)\rangle$. 利用 (6.10) 式, 有

$$|\phi_1(t)\rangle = \hat{U}(t)|\phi_1(0)\rangle \ , \ |\phi_2(t)\rangle = \hat{U}(t)|\phi_2(0)\rangle. \tag{6.29}$$

上面两式中的 $\hat{U}(t)$ 是这个量子系统的幺正演化算符. 考察第三个初态, 它是前两个初态的线性叠加 $c_1|\phi_1(0)\rangle + c_2|\phi_2(0)\rangle$. 按照下面的推导, 它会演化成 $c_1|\phi_1(t)\rangle + c_2|\phi_2(t)\rangle$:

$$\hat{U}(t)\big[c_1|\phi_1(0)\rangle + c_2|\phi_2(0)\rangle\big] = c_1\hat{U}(t)|\phi_1(0)\rangle + c_2\hat{U}(t)|\phi_2(0)\rangle$$
$$= c_1|\phi_1(t)\rangle + c_2|\phi_2(t)\rangle. \tag{6.30}$$

这就是态叠加原理: 两个量子演化, 线性叠加以后依然是一个合理的量子演化. 这是量子力学区别于经典力学的又一个基本而重要的特征.

在经典力学里, 如果有两条运动轨迹 $\{x_1(t), p_1(t)\}$ 和 $\{x_2(t), p_2(t)\}$, 这两条运动轨迹的线性叠加 $\{a_1 x_1(t) + a_2 x_2(t), a_1 p_1(t) + a_2 p_2(t)\}$ (这里 a_1 和 a_2 是实数) 一般不再是一条符合牛顿第二定律的合理运动轨迹. 我们看一下图 6.6, 这里有一个不可穿透的挡板, 上面有两条缝. 一个粒子在运动中除了挡板不受任何其他外力 (包括重力). 选择两个不同的初始状态, $(x_0, \boldsymbol{p}_1)$ 和 $(x_0, \boldsymbol{p}_2)$ 使得粒子正好能分别穿过挡板上的两条缝. 图中的两条实线分别代表这两种可能的运动轨迹. 假设两条轨迹的运动速率一样, 即 $|\boldsymbol{p}_1| = |\boldsymbol{p}_2|$. 把这两条轨迹等权重叠加, 即 $a_1 = a_2 = 1/2$. 叠加后的初始位置依然是 x_0, 而速

度则只有水平分量, 所以叠加出来的轨迹应该是图 6.6 中的虚线. 但是按牛顿第二定律, 这时粒子会被挡板反射, 而叠加出来的运动轨迹则会穿过挡板, 违反牛顿定律. 这个例子说明在经典力学中态叠加原理一般是不成立的.

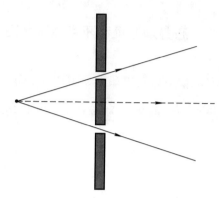

图 6.6   经典粒子轨迹的线性叠加. 除了一个具有双缝的墙, 粒子 (实心圆) 不感受任何其他力. 实线代表两条可能的运动轨迹. 虚线是这两条轨迹的等权重叠加, 它代表的轨迹显然在物理上是不可能的

态叠加原理会带来很多深刻的结果. 我们先讨论其中的一个 —— 量子不可克隆定理, 然后讨论著名的干涉现象.

克隆就是将一个东西复制一份, 得到两份完全一样的东西. 这在我们日常生活中很常见: 将一份材料复印以后就有两份一模一样的材料; 一份数据备份到一个外接硬盘, 就有了两份完全一样的数据. 但是这样一个日常生活中很普遍的操作在量子世界是不允许的, 根本的原因就是量子力学里的态叠加原理. 我们用反证法来证明. 考虑有一个系统处于量子态 $|\psi\rangle$, 另外一个系统处于空白态 $|\emptyset\rangle$, 那么这两个系统组成的复合系统处于量子态 $|\psi\rangle \otimes |\emptyset\rangle$. 这里的 $\otimes$ 就是第四章末尾介绍的直积. 假设克隆在量子力学里是可行的, 那么我们就应该有

$$|\psi\rangle \otimes |\emptyset\rangle \longrightarrow |\psi\rangle \otimes |\psi\rangle. \tag{6.31}$$

这个量子克隆过程应该是一个幺正变换 $\hat{U}$ (否则就不叫量子克隆). 所以我们

有

$$\hat{U}(|\psi\rangle \otimes |\emptyset\rangle) = |\psi\rangle \otimes |\psi\rangle. \tag{6.32}$$

类似地对于另外一个量子态 $|\phi\rangle$，我们有

$$\hat{U}(|\phi\rangle \otimes |\emptyset\rangle) = |\phi\rangle \otimes |\phi\rangle. \tag{6.33}$$

不失一般性，我们假设 $\langle\phi|\psi\rangle = 0$. 注意，对于两个不同的量子态 $|\psi\rangle$ 和 $|\phi\rangle$，量子克隆这个操作必须由同一个幺正算符 $\hat{U}$ 表示. 这和我们日常复印或拷贝一样，同一个复印机可以复制内容不同的材料.

现在我们考虑克隆一个新量子态 $|\varphi\rangle = (|\phi\rangle + |\psi\rangle)/\sqrt{2}$. 我们有两条合理的途径来得到克隆结果:

(1) 利用态叠加原理，将 (6.32) 和 (6.33) 式相加并除以 $\sqrt{2}$，得到

$$\hat{U}[(|\psi\rangle + |\phi\rangle) \otimes |\emptyset\rangle/\sqrt{2}] = (|\psi\rangle \otimes |\psi\rangle + |\phi\rangle \otimes |\phi\rangle)/\sqrt{2}. \tag{6.34}$$

(2) 直接利用 $\hat{U}$ 的定义，有

$$\hat{U}[(|\psi\rangle + |\phi\rangle) \otimes |\emptyset\rangle/\sqrt{2}] = \frac{1}{2}(|\psi\rangle + |\phi\rangle) \otimes (|\psi\rangle + |\phi\rangle). \tag{6.35}$$

很显然，两种途径导致了不同的克隆结果，矛盾，因此假设不成立，量子克隆不存在. 这就是量子不可克隆定理. 它的一个重要后果是，量子计算机没有存储功能. 在经典计算机上，我们经常把一些暂时的结果存起来供以后调用，这在量子计算机上是不允许的.

我们的世界是由微观粒子构成的，它们都按照量子力学运动演化. 既然量子力学不允许克隆存在，那我们日常生活中为什么可以复制或克隆呢? 平常的复制和量子克隆有两个根本的区别:

（1）我们日常生活中的复制不是幺正操作. 为什么呢? 前面说了，幺正操作由某个幺正矩阵 $\hat{U}$ 表示. 在它的作用下，一个量子态 $|\Phi_1\rangle$ 可以变成 $|\Phi_2\rangle$，即

$|\Phi_2\rangle = \hat{U}|\Phi_1\rangle$. 由于幺正矩阵 $\hat{U}$ 的逆矩阵是 $\hat{U}^\dagger$, 所以我们有 $|\Phi_1\rangle = \hat{U}^\dagger|\Phi_2\rangle$. 这表示, 对应系统从量子态 $|\Phi_1\rangle$ 演化成 $|\Phi_2\rangle$, 存在一个反演化, 系统从量子态 $|\Phi_2\rangle$ 演化成 $|\Phi_1\rangle$. 如果日常生活中的复制是幺正操作, 那么我们就可以把一张刚刚复印好的已经有字的纸放回复印机, 让复印机倒转, 这张纸会重新变成白纸, 而纸上的油墨会重新回到复印机的墨盒里, 一切恢复到以前的样子. 显然日常生活中的复印机办不到这一点. 既然日常生活中的复制不是幺正操作, 它当然就不需要遵守量子不可克隆定理.

（2）我们在第二章讨论过, 量子力学里的相同是绝对的而经典里的相同则是近似的. 量子克隆态 $|\psi\rangle \otimes |\psi\rangle$ 中两个 $|\psi\rangle$ 是完全相同的, 没有任何区别. 而日常生活中的复制品总是和原件有细微的区别, 不是完全相同的.

6.6　双　缝　干　涉

态叠加原理的另一个重要的后果是著名的双缝干涉现象. 常见的双缝干涉实验如图 6.7 所示, 实验设置和图 6.6 类似, 不同的是经典粒子被电子束代替. 如果双缝间的距离和双缝的宽度合适, 被双缝散射的电子束最后会在探测屏幕上形成明暗相间的干涉条纹. 在双缝板右侧有个通电线圈, 通电以后, 线圈里会形成一个磁场, 这个磁场会影响上下两束电子的相位差, 从而整体地移动干涉条纹.

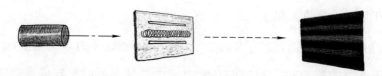

图 6.7　双缝干涉实验. 电子自左边入射, 在右侧屏幕形成干涉条纹. 可以通过改变线圈的电流强度来移动干涉条纹

细致解释图 6.7 中的干涉条纹, 比如条纹的宽度和强度、明暗条纹的位

置，需要较为烦琐的数学，我们将只讨论屏幕中间的干涉强度，这样数学简单，同时又能揭示量子干涉的物理实质. 为此我们将图 6.7 中的实验进一步简化，设定双缝板除去双缝外其他部分会全部吸收电子，把检测屏用 9 个探测器 d_1，d_2, d_3, d_4, d_5, d_6, d_7, d_8, d_9 代替（见图 6.8），同时我们假设电子束中的所有电子都处于量子态 $|\psi_0\rangle$.

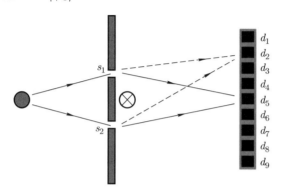

图 6.8 双缝干涉实验. 实心圆：具有量子相干性的电子源；方块：探测器；带叉圆：通电线圈

先考虑线圈没通电的情况. 电子经过一段时间演化后会到达双缝板，只有到达双缝的波函数可以继续向右演化，其他波函数都被板给吸收了. 我们把这个演化记成

$$|\psi_0\rangle \longrightarrow \frac{1}{\sqrt{2}}(|\psi_1\rangle + |\psi_2\rangle), \tag{6.36}$$

其中 $|\psi_1\rangle$ 是电子处于缝 s_1 的波函数（或量子态），$|\psi_2\rangle$ 是电子处于缝 s_2 的波函数. 由于电子可能被板吸收，上述演化不是幺正的. 两个缝对称，所以这两个量子态等权重叠加. 再经过一段时间演化后，电子会到达探测器. 缝 s_1 处的量子态 $|\psi_1\rangle$ 经过演化后变成在各个探测器上量子态的叠加：

$$|\psi_1\rangle \longrightarrow \sum_{j=1}^{9} a_j |d_j\rangle, \tag{6.37}$$

其中 $|d_j\rangle$ 表示到达探测器 d_j 的量子态，和前面介绍的量子态 $|x_j\rangle$ 类似. 上面这个表达式的物理含义是：如果共有 $N/2$ 个电子从缝 s_1 出发向右，那么在

探测器 d_j 会探测到 $N|a_j|^2/2$ 个电子. 相应地量子态 $|\psi_2\rangle$ 会有如下演化：

$$|\psi_2\rangle \longrightarrow \sum_{j=1}^{9} b_j|d_j\rangle. \tag{6.38}$$

类似地，如果共有 $N/2$ 个电子从缝 s_2 出发向右，探测器 d_j 会探测到 $N|b_j|^2/2$ 个电子.（6.37）和（6.38）式的两个演化都是幺正演化. 利用态叠加原理将这两个演化叠加起来，有

$$\frac{1}{\sqrt{2}}(|\psi_1\rangle + |\psi_2\rangle) \longrightarrow \frac{1}{\sqrt{2}}\sum_{j=1}^{9}(a_j + b_j)|d_j\rangle. \tag{6.39}$$

这意味着探测器 d_j 总共会探测到 $N(|a_j + b_j|^2)/2$ 个电子. 我们考虑一个特例，中间的探测器 d_5. 基于对称性，应该有 $a_5 = b_5$，所以探测器 d_5 会探测到 $2N|a_5|^2$ 个电子. 如果电子是经典的，由于从缝 s_1 来的电子数是 $N|a_5|^2/2$，从缝 s_2 来的电子数是 $N|b_5|^2/2$，总的电子数应该是 $N|a_5|^2/2 + N|b_5|^2/2 = N|a_5|^2$ 个电子. 所以我们看到量子的结果和经典结果非常不一样. 这种效应就叫量子干涉. 我们从数学上仔细看一下区别出现在哪里：展开 $|a_j + b_j|^2$，有

$$|a_j + b_j|^2 = (a_j^* + b_j^*)(a_j + b_j) = |a_j|^2 + |b_j|^2 + a_j^*b_j + b_j^*a_j. \tag{6.40}$$

上式右边如果只有前两项，结果和经典预期是一致的. 后面两项 $a_j^*b_j + b_j^*a_j$ 叫作干涉项，是量子干涉现象的根源. 由于缺乏对称性，其他探测器上的结果分析起来会稍微复杂些，我们就不讨论了. 总的干涉效果可以参见图 6.7，电子会在探测屏上形成一个明暗交替的图案.

我们现在给实验中的线圈通上电. 这个线圈通电后会产生一个垂直纸面同时平行于双缝的磁场，它会影响上下两束电子波函数的相位，但不会影响波函数的大小. 由于相位的改变依赖于电流的大小，我们选择一个恰当的电流，

使得上下两个波函数差一个负号[⑦]，也就是

$$|\psi_0\rangle \longrightarrow \frac{1}{\sqrt{2}}(|\psi_1\rangle - |\psi_2\rangle), \tag{6.41}$$

这时双缝叠加后的结果就成了

$$\frac{1}{\sqrt{2}}(|\psi_1\rangle - |\psi_2\rangle) \longrightarrow \frac{1}{\sqrt{2}}\sum_{j=1}^{9}(a_j - b_j)|d_j\rangle, \tag{6.42}$$

即探测器 d_j 总共会探测到 $N(|a_j - b_j|^2)/2$ 个电子. 对于中间的探测器 d_5，由于 $a_5 = b_5$，探测器 d_5 会探测不到任何电子，这就是量子相消干涉，一个完全无法用经典物理理解的结果.

干涉其实是常见的波动现象. 日常生活中遇到的声波、水波也会发生干涉. 干涉被认为是波动性最简单和直接的证据，所以图 6.7 中的干涉条纹是电子具有波动性的直接证据. 但是一定要注意，经典波和量子波有很大的区别. 在经典物理里，波动或者是大量粒子的集体运动，如空气中的声波是空气里大量原子和分子的集体振动，水波是大量水分子的集体运动；或者是一个场的振动和传播，如电磁波. 在量子力学里，单个粒子就可以有波动行为，并由波函数描述. 前面给出的电子干涉的波函数都是单个电子的波函数，这包括源波函数 $|\psi_0\rangle$，双缝处的波函数 $|\psi_1\rangle$, $|\psi_2\rangle$，以及探测器处的波函数 $\sum_{j=1}^{9}(a_j \pm b_j)|d_j\rangle$. 所以，量子干涉是单个粒子和自己的干涉，它的条纹明暗反映的是粒子数的多少. 而经典波干涉则是不同波之间的干涉，它的条纹明暗反映的是振动的强弱. 量子干涉和经典干涉这个区别可以在实验上进行检验. 我们来看看如何检验.

最早的双缝干涉是托马斯·杨（Thomas Young，1773—1829）在 1801 年用光做的，他的实验在当时被认为验证了光的波动性. 当光子数很多，即光强很强时，双缝干涉实验确实无法区分光到底是经典波还是量子概率波. 为了

---

⑦　计算这种相位差超越了本书的范围，我们这里直接给出结果.

区分，我们可以逐渐减弱光源. 如果光是经典波，那么随着光源的减弱，探
测器处的干涉条纹会随之减弱，干涉条纹会越来越淡，但一直存在，参见图
6.9(a). 如果光是粒子，是被波函数描述的概率波，那么随着光强减弱，最后
会每次只有一个光子通过双缝到达探测屏. 在光强这么弱的情况下做双缝干涉
实验，一开始是完全看不到干涉条纹的，只是一些零落的斑点，只有延长实
验时间，光子数积累多了，条纹才会慢慢显出，参见图 6.9(b). 真实的实验表
明光是粒子.

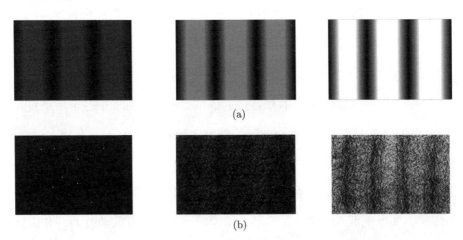

图 6.9   双缝干涉的经典量子对比. (a) 经典波：干涉条纹的明暗对比度会随着波的
强度变化，但干涉条纹一直存在. (b) 量子概率波：在粒子数少的时候，完全看不出
干涉条纹，只有粒子数多了，干涉条纹才会显示出来

量子双缝干涉实验最令人觉得神秘也是争论最多的部分是：电子是从哪条
缝穿过到达探测屏的? 在双缝处，电子波函数是一个叠加态 $|\psi_1\rangle \pm |\psi_2\rangle$，这表
明电子在同时穿过缝 s_1 和缝 s_2. 电子的这种古怪行为我们在前面的讨论中已
经提到了，比如氢原子中的电子波函数是弥散在空间的，即单个电子同时出
现在空间的很多点. 而且正是由于单个电子的这种波动行为，氢原子才有了半
径，氢分子才有了大小，日常的物体才有了体积. 但是在日常生活中，物体总
是有个确定的位置：飞行的网球任何时刻都有确定的位置；没人能做到同时

在家里休息和在办公室上班；太阳不会同时从东方升起在西方落下. 双缝干涉实验告诉我们，如果我们是电子，我们就能做到同时在家里休息和在办公室上班，"太阳"会同时在各个方向落下或升起. 难道日常生活中遇到的这些宏观物体和微观世界里的电子有本质的区别？在第八章，我们会结合量子测量来重新讨论双缝干涉实验及相关问题.

第七章　量子纠缠和贝尔不等式

量子纠缠指的是一个量子系统中两个粒子或多个粒子之间存在的一种超距关联. 超距的意思是这种关联和粒子间的距离无关. 经典物理体系中也存在超距关联. 但是量子纠缠和经典超距关联是不同的：量子纠缠会违反贝尔不等式，经典超距关联则不会. 量子纠缠还有一个同样重要但却不常被人提及的特征：自我的缺失. 在经典力学里，如果我们要知道一个多粒子系统的状态，必须知道体系中每个粒子的位置和动量：只有完整描述了其中每个粒子的运动状态，我们才能完整描述一个多粒子系统的运动状态. 但是量子体系不一样. 你可以写下一个多粒子量子体系的波函数，完整描述这个多粒子量子体系，但是如果这个体系的粒子间存在纠缠，体系中单个粒子的运动状态会变得不确定，单个粒子在纠缠的量子态中会失去自我. 本章将通过双自旋系统来详细介绍量子纠缠的这两个特征.

7.1　双　自　旋

纠缠涉及至少两个粒子，因此我们考虑最简单的多粒子体系 —— 双自旋. 我们用算符 $\hat{\boldsymbol{\sigma}} = \{\hat{\sigma}_x, \hat{\sigma}_y, \hat{\sigma}_z\}$ 表示自旋 1，用算符 $\hat{\boldsymbol{\tau}} = \{\hat{\tau}_x, \hat{\tau}_y, \hat{\tau}_z\}$ 表示自旋 2. $\hat{\boldsymbol{\tau}}$ 其实也是泡利矩阵：

$$\hat{\tau}_x = \begin{pmatrix} 0 & 1 \\ 1 & 0 \end{pmatrix}, \ \hat{\tau}_y = \begin{pmatrix} 0 & -i \\ i & 0 \end{pmatrix}, \ \hat{\tau}_z = \begin{pmatrix} 1 & 0 \\ 0 & -1 \end{pmatrix}. \tag{7.1}$$

这里用 $\hat{\boldsymbol{\tau}}$ 是为了和自旋 1 区分. 这两个自旋组成了一个复合系统. 根据第四章所讨论的内容，如果自旋 1 处于量子态 $|\psi\rangle = a_1|u\rangle + b_1|d\rangle$，自旋 2 处于量子

态 $|\phi\rangle = a_2|u\rangle + b_2|d\rangle$，那么双自旋体系的量子态可以通过直积符号 $\otimes$ 表达为

$$|\Psi_{12}\rangle = |\psi\rangle \otimes |\phi\rangle = \underbrace{(a_1|u\rangle + b_1|d\rangle)}_{1} \otimes \underbrace{(a_2|u\rangle + b_2|d\rangle)}_{2}$$

$$= a_1a_2 \underbrace{|u\rangle}_{1} \otimes \underbrace{|u\rangle}_{2} + a_1b_2 \underbrace{|u\rangle}_{1} \otimes \underbrace{|d\rangle}_{2} + b_1a_2 \underbrace{|d\rangle}_{1} \otimes \underbrace{|u\rangle}_{2} + b_1b_2 \underbrace{|d\rangle}_{1} \otimes \underbrace{|d\rangle}_{2}. \quad (7.2)$$

直积 $\otimes$ 和普通的乘法基本上是一样的：2 项乘以 2 项得到 4 项. 但有一个重要的不同点：$\underbrace{|u\rangle}_{1} \otimes \underbrace{|d\rangle}_{2}$ 和 $\underbrace{|d\rangle}_{1} \otimes \underbrace{|u\rangle}_{2}$ 是不同的，这两项不能合并. 物理上这两项确实具有不同的含义：$\underbrace{|u\rangle}_{1} \otimes \underbrace{|d\rangle}_{2}$ 表示自旋 1 向上、自旋 2 向下；$\underbrace{|d\rangle}_{1} \otimes \underbrace{|u\rangle}_{2}$ 表示自旋 1 向下、自旋 2 向上.

在上面的公式中我们特意用下方括号标记了哪个态是自旋 1 的态，哪个态是自旋 2 的态. 为了简单，我们从此不再标记，而是约定在这类直积态中左边是自旋 1 的态，右边是自旋 2 的态. 在实际计算中，绝大多数情况下省略直乘符号 $\otimes$ 也不会引起混淆，这和我们经常省略乘号 $\times$ 一样. 基于这些考虑，我们对符号进行如下简化：

$$\underbrace{|u\rangle}_{1} \otimes \underbrace{|u\rangle}_{2} \equiv |uu\rangle, \ \underbrace{|u\rangle}_{1} \otimes \underbrace{|d\rangle}_{2} \equiv |ud\rangle, \ \underbrace{|d\rangle}_{1} \otimes \underbrace{|u\rangle}_{2} \equiv |du\rangle, \ \underbrace{|d\rangle}_{1} \otimes \underbrace{|d\rangle}_{2} \equiv |dd\rangle. \quad (7.3)$$

双自旋态 $|\Psi_{12}\rangle$ 于是变成

$$|\Psi_{12}\rangle = a_1a_2|uu\rangle + a_1b_2|ud\rangle + b_1a_2|du\rangle + b_1b_2|dd\rangle. \quad (7.4)$$

类似地，我们可以简化共轭向量：

$$\underbrace{\langle u|}_{1} \otimes \underbrace{\langle u|}_{2} \equiv \langle uu|, \ \underbrace{\langle u|}_{1} \otimes \underbrace{\langle d|}_{2} \equiv \langle ud|, \ \underbrace{\langle d|}_{1} \otimes \underbrace{\langle u|}_{2} \equiv \langle du|, \ \underbrace{\langle d|}_{1} \otimes \underbrace{\langle d|}_{2} \equiv \langle dd|. \quad (7.5)$$

在共轭向量中也是左边是自旋 1 的态而右边是自旋 2 的态. 在很多关于量子力学的书和论文里，人们会在两个自旋的态之间加个逗号，比如 $|u, u\rangle \equiv |uu\rangle$

和 $|\psi, \phi\rangle \equiv |\psi\phi\rangle$. 究竟用哪种写法依赖各人的喜好, 本书选择没有逗号的写法.

对于两个双自旋态 $|\psi_1\phi_1\rangle$ 和 $|\psi_2\phi_2\rangle$, 我们这样计算它们的内积:

$$\langle\psi_1\phi_1|\psi_2\phi_2\rangle = \langle\psi_1|\psi_2\rangle\langle\phi_1|\phi_2\rangle. \tag{7.6}$$

利用这个规则, 我们发现 $\langle uu|uu\rangle = \langle u|u\rangle\langle u|u\rangle = 1$, $\langle dd|ud\rangle = \langle d|u\rangle\langle d|d\rangle = 0$ 等等. 这些关系表明 $|uu\rangle, |ud\rangle, |du\rangle, |dd\rangle$ 是一组正交归一基. 任意一个双自旋量子态 $|\Phi\rangle$ 可以用这四个基展开:

$$|\Phi\rangle = c_1|uu\rangle + c_2|ud\rangle + c_3|du\rangle + c_4|dd\rangle. \tag{7.7}$$

这些系数满足归一化条件 $|c_1|^2 + |c_2|^2 + |c_3|^2 + |c_4|^2 = 1$. 对于任意两个双自旋量子态

$$|\Phi_1\rangle = a_1|uu\rangle + a_2|ud\rangle + a_3|du\rangle + a_4|dd\rangle \tag{7.8}$$

和

$$|\Phi_2\rangle = b_1|uu\rangle + b_2|ud\rangle + b_3|du\rangle + b_4|dd\rangle, \tag{7.9}$$

可以这样计算它们间的内积 $\langle\Phi_1|\Phi_2\rangle$:

$$\begin{aligned}\langle\Phi_1|\Phi_2\rangle &= (a_1^*\langle uu| + a_2^*\langle ud| + a_3^*\langle du| + a_4^*\langle dd|)(b_1|uu\rangle + b_2|ud\rangle + \\ &\quad b_3|du\rangle + b_4|dd\rangle) \\ &= a_1^*b_1 + a_2^*b_2 + a_3^*b_3 + a_4^*b_4. \end{aligned} \tag{7.10}$$

另一个内积 $\langle\Phi_2|\Phi_1\rangle$ 可以类似计算, 并且可以验证 $\langle\Phi_1|\Phi_2\rangle = \langle\Phi_2|\Phi_1\rangle^*$.

前面介绍的 $|\Psi_{12}\rangle$ 是两个单自旋态的直积, 这种双自旋态称作直积态. 但并不是所有的双自旋态都是直积态, 比如

$$|S_3\rangle = \frac{1}{\sqrt{2}}(|ud\rangle + |du\rangle). \tag{7.11}$$

我们用反证法来证明这个结论. 假设 $|S_3\rangle$ 是一个直积态，那么我们可以选择 $|\Psi_{12}\rangle$ 中的系数 a_1, b_1, a_2, b_2 使得 $|S_3\rangle = |\Psi_{12}\rangle$. 比较 (7.4) 式和 (7.11) 式中的系数，有

$$a_1 a_2 = b_1 b_2 = 0, \ a_1 b_2 = a_2 b_1 = 1/\sqrt{2}. \tag{7.12}$$

从前两个等式可以推出 $a_1 a_2 b_1 b_2 = 0$, 而从后两个等式我们有 $a_1 a_2 b_1 b_2 = 1/2$, 相互矛盾. 这说明前面的假设 $|S_3\rangle$ 是直积态是不成立的，所以 $|S_3\rangle$ 不是直积态. 我们把 $|S_3\rangle$ 这样的非直积态称为纠缠态. 在下一节我们将详细讨论纠缠态的具体物理内涵. 在这之前，我们需要介绍双自旋系统的算符和它们与自旋态的作用.

双自旋系统里有两种算符：单自旋算符，比如 $\hat{\sigma}_x$ 和 $\hat{\tau}_y$；双自旋算符，比如 $\hat{\sigma}_z \otimes \hat{\tau}_x$ 和 $\hat{\sigma}_y \otimes \hat{\tau}_z$. 当自旋 1 的算符作用到态 $|\Phi\rangle$ 时，它只作用在自旋 1 的态上，例如

$$\begin{aligned}
\hat{\sigma}_z |\Phi\rangle &= c_1(\hat{\sigma}_z|u\rangle) \otimes |u\rangle + c_2(\hat{\sigma}_z|u\rangle) \otimes |d\rangle + c_3(\hat{\sigma}_z|d\rangle) \otimes |u\rangle + c_4(\hat{\sigma}_z|d\rangle) \otimes |d\rangle \\
&= c_1|uu\rangle + c_2|ud\rangle - c_3|du\rangle - c_4|dd\rangle.
\end{aligned} \tag{7.13}$$

类似地，自旋 2 的算符只作用在自旋 2 的态上，例如

$$\begin{aligned}
\hat{\tau}_x |\Phi\rangle &= c_1|u\rangle \otimes (\hat{\tau}_x|u\rangle) + c_2|u\rangle \otimes (\hat{\tau}_x|d\rangle) + c_3|d\rangle \otimes (\hat{\tau}_x|u\rangle) + c_4|d\rangle \otimes (\hat{\tau}_x|d\rangle) \\
&= c_1|ud\rangle + c_2|uu\rangle + c_3|dd\rangle + c_4|du\rangle.
\end{aligned} \tag{7.14}$$

当双自旋算符，比如 $\hat{\sigma}_z \otimes \hat{\tau}_x$, 作用在双自旋态上时，自旋 1 的算符作用在自旋 1 的态上，自旋 2 的算符作用在自旋 2 的态上. 下面是一个例子：

$$\begin{aligned}
\hat{\sigma}_z \otimes \hat{\tau}_x |\Phi\rangle &= c_1(\hat{\sigma}_z|u\rangle) \otimes (\hat{\tau}_x|u\rangle) + c_2(\hat{\sigma}_z|u\rangle) \otimes (\hat{\tau}_x|d\rangle) \\
&\quad + c_3(\hat{\sigma}_z|d\rangle) \otimes (\hat{\tau}_x|u\rangle) + c_4(\hat{\sigma}_z|d\rangle) \otimes (\hat{\tau}_x|d\rangle) \\
&= c_1|ud\rangle + c_2|uu\rangle - c_3|dd\rangle - c_4|du\rangle.
\end{aligned} \tag{7.15}$$

我们以 $\langle\Phi|\hat{\sigma}_z\otimes\hat{\tau}_x|\Phi\rangle$ 为例来说明如何在双自旋体系里计算期望值：算符 $\hat{\sigma}_z\otimes\hat{\tau}_x$ 作用在向量 $|\Phi\rangle$ 上得到一个新的向量 [参见 (7.15) 式]，这个新的向量再和向量 $\langle\Phi|$ 内积即给出这个算符的期望值. 对于直积态，算符期望值的计算可以进一步简化. 我们用两个例子来说明. 对于双自旋算符，有

$$\langle\Psi_{12}|\hat{\sigma}_z\otimes\hat{\tau}_x|\Psi_{12}\rangle = ((\langle\psi|\otimes\langle\phi|)\hat{\sigma}_z\otimes\hat{\tau}_x(|\psi\rangle\otimes|\phi\rangle)) = \langle\psi|\hat{\sigma}_z|\psi\rangle\langle\phi|\hat{\tau}_x|\phi\rangle$$

$$= (a_1^*a_1 - b_1b_1^*)(a_2^*b_2 + a_2b_2^*). \tag{7.16}$$

对于单自旋算符，有

$$\langle\Psi_{12}|\hat{\tau}_x|\Psi_{12}\rangle = \langle\psi|\otimes\langle\phi|\hat{\tau}_x|\psi\rangle\otimes|\phi\rangle = \langle\psi|\psi\rangle\langle\phi|\hat{\tau}_x|\phi\rangle = a_2^*b_2 + a_2b_2^*. \tag{7.17}$$

事实上，在任何量子体系中，算符期望值的计算都可以由算符对量子态的作用规则和内积的计算规则自然给出.

7.2 量子纠缠

我们关于纠缠的讨论将围绕下面这个双自旋态展开：

$$|S\rangle = \frac{1}{\sqrt{2}}\left(|ud\rangle - |du\rangle\right). \tag{7.18}$$

物理学家把这个态叫作自旋单态. 这显然是一个纠缠态. 我们利用施特恩-格拉赫实验来揭示这个纠缠态的物理意义. 不过，我们需要改进一下这个实验：把高温炉替换成一个更精巧的粒子源，它会产生一对一对的处于单态的自旋对，而且两个自旋具有相反的动量，朝相反的方向飞行. 另外，为了观测两个自旋的状态，在粒子源的两侧都设置非均匀磁场. 我们设定自旋 1 向左飞，自旋 2 向右飞. 图 7.1 是这个新实验的示意图.

在这个双自旋施特恩-格拉赫实验中，我们会观察到什么现象呢？自旋单态(7.18) 有两个分量：第一个分量是 $|ud\rangle$，表示如果自旋 1 处于向上的状态

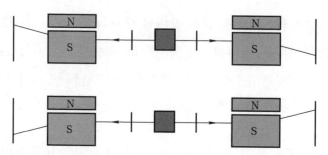

图 7.1　双自旋施特恩–格拉赫实验. 和图 5.1 不同的地方是：蒸发炉被一个更精巧的装置代替，这个装置能够产生一对一对的自旋：每对自旋都处于单态；两个自旋具有相反的动量，自旋 1 往左飞，自旋 2 往右飞. 图中示意地描绘了仅有的两种可能观测结果

那么自旋 2 处于向下的状态；第二个分量是 $|du\rangle$，表示如果自旋 1 处于向下的状态那么自旋 2 处于向上的状态. 这意味着，在双自旋施特恩–格拉赫实验中，如果粒子源自旋对的产生率很低，以至于每次只有一对自旋通过两侧的非均匀磁场，这时候会出现一个神奇的现象：（1）如果向左的自旋飞向上面那个斑点，向右的自旋就会飞向下面那个斑点；（2）如果向左的自旋飞向下面那个斑点，向右的自旋就会飞向上面那个斑点. 两个自旋同时飞向上面的斑点或下面的斑点的情况是不会出现的. 这表明两个自旋间存在某种神奇的关联：如果自旋 1 被观测到向上，那么自旋 2 就处于向下的态；如果自旋 1 被观测到向下，那么自旋 2 就处于向上的态. 这就是量子纠缠的一个特征——超距关联. 超距的特性可以从公式 (7.18) 看出：公式 (7.18) 和粒子的位置没有任何关系. 这也可以从图 7.1 中直观理解：实验结果显然和两个检测屏间的距离无关.

　　有趣的是经典世界里也有类似的超距关联. 考虑这样一个事例. 有两个完全相同的盒子，其中一个装有红球一个装有白球，分别给了一对双胞胎兄弟，丁丁和当当. 丁丁和当当都没有看到装盒过程，不知道手中的盒子里是红球还是白球. 然后丁丁留在地球，当当则坐飞船去了火星. 如果丁丁打开盒子，发现里面是红球, 他立刻知道当当的盒子里是白球; 如果发现里面是白球, 他立刻知道当当的盒子里是红球. 火星和地球间最短的距离是 54.6×10^6 km, 光需要大概 3 min 才能从地球到达火星. 丁丁显然不需要等待 3 min 才知道当当盒子里球的颜色, 所以这种关联是超距的. 这种超距关联在日常生活中其实经常见到, 看上去似乎和量子纠缠里的超距关联没有任何不同. 物理学家很长一段时间里也确实认为两种超距关联间没有区别. 但 1964 年, 贝尔证明了一个不等式, 发现量子纠缠会经常违反这个不等式, 而经典超距关联永远也不会违反这个不等式.

7.2.1　贝尔不等式

我们将会看到贝尔不等式的证明是纯数学的, 不涉及任何物理. 它的神奇和令人深思之处来自和物理的联系: 量子纠缠的超距关联会违反这个不等式, 而经典超距关联却不会.

我们先补充一些算符的知识. 7.1 节介绍了单自旋算符和双自旋算符的一些运算规则, 我们现在借助双自旋施特恩 – 格拉赫实验来了解一下这些算符的物理意义. 顾名思义, 单自旋算符是只涉及一个自旋的可观测量, 在双自旋施特恩 – 格拉赫实验中, 这对应只有一边有磁场而另一边没有任何磁场. 双自旋算符则同时和两个自旋有关, 在双自旋施特恩 – 格拉赫实验中, 这对应两边都有磁场. 图 7.1 展示的情形对应双自旋算符 $\hat{\sigma}_z \otimes \hat{\tau}_z$. 利用前面介绍的有关双自旋算符的运算规则, 我们可以验证

$$\hat{\sigma}_z \otimes \hat{\tau}_z |S\rangle = -|S\rangle, \tag{7.19}$$

所以自旋单态 $|S\rangle$ 是双自旋算符 $\hat{\sigma}_z \otimes \hat{\tau}_z$ 的本征态, 对应的本征值是 -1. 我们前面介绍了本征值对应于测量结果. 对于单自旋, 测量结果只能是向上或向下, 即 1 或 -1. 对于双自旋, 如果测量结果是 -1, 这意味着对自旋 1 和自

旋 2 的测量结果总是相反的：如果自旋 1 向上，自旋 2 就向下；如果自旋 1 向下，自旋 2 就向上. 这和我们在上节通过分析自旋单态 $|S\rangle$ 的分量得出的结论一致.

考虑一个新的双自旋算符 $\boldsymbol{n} \cdot \hat{\boldsymbol{\sigma}} \otimes \boldsymbol{n} \cdot \hat{\boldsymbol{\tau}}$. 在双自旋施特恩–格拉赫实验中，这对应两边的磁场都指向 $\boldsymbol{n}$. 通过直接的计算可以验证，单态 $|S\rangle$ 也是 $\boldsymbol{n} \cdot \hat{\boldsymbol{\sigma}} \otimes \boldsymbol{n} \cdot \hat{\boldsymbol{\tau}}$ 的本征态，即

$$\boldsymbol{n} \cdot \hat{\boldsymbol{\sigma}} \otimes \boldsymbol{n} \cdot \hat{\boldsymbol{\tau}} |S\rangle = -|S\rangle. \tag{7.20}$$

本征值是 -1 表明，在图 7.1 的实验中，两边的磁场无论共同指向哪个方向 $\boldsymbol{n}$，每对自旋都会飞向相反的斑点. 如果你沿方向 $\boldsymbol{n}$ 测到自旋 1 向上，那么自旋 2 肯定沿 $\boldsymbol{n}$ 向下，反之亦然. 我们前面只讨论了特殊的 z 方向. 有兴趣的读者可以验算下面这个等式

$$|S\rangle = -\frac{\mathrm{e}^{-\mathrm{i}\varphi}}{\sqrt{2}}(|n_+n_-\rangle - |n_-n_+\rangle), \tag{7.21}$$

其中 $|n_+\rangle$, $|n_-\rangle$ 是沿 $\boldsymbol{n}$ 方向自旋算符 $\boldsymbol{n} \cdot \hat{\boldsymbol{\sigma}}$ 的两个本征态 [参见 (5.17) 式]. 上式右边的两个分量告诉了我们同样的结论：在双自旋施特恩–格拉赫实验中，如果你沿方向 $\boldsymbol{n}$ 测到自旋 1 向上，那么自旋 2 肯定沿 $\boldsymbol{n}$ 向下，反之亦然.

前面我们已经指出经典系统里也有超距关联. 一个很自然的问题就是，量子纠缠中的超距关联和经典超距关联是一样的吗？由于经典超距关联可以用经典概率论（就是描述骰子、老虎机等概率事件的理论）描述，这个问题也可以这样问：经典概率论能完全解释量子纠缠中的关联吗？贝尔（John Stewart Bell, 1928—1990）（见图 7.2）在 1964 年指出，这是不可能的. 他先证明，如果这是可能的，那么量子纠缠中的超距关联就应该满足一个不等式，然后他举例说明双自旋单态中的超距关联会违反这个不等式. 贝尔的结果表明：经典概率论无法解释量子纠缠中的关联. 贝尔证明的不等式是用双自旋算符的期望

JOHN STEWART BELL

图 7.2　贝尔（1928—1990）

值表达的，他的证明有些晦涩. 斯坦福大学教授萨斯坎德（Leonard Susskind）对贝尔的证明进行了富有创意的改编（参见他在斯坦福开的课程 "量子纠缠"）. 我们下面介绍这个证法.

贝尔不等式　假设有一个集合，其中的每个元素可能具有三种属性 A, B 和 C. 定义一个子集：具有属性 A 但不具有属性 B，并用 $S(A, \neg B)$ 表示这个子集中的元素个数. 我们类似地定义 $S(B, \neg C)$ 和 $S(A, \neg C)$. 它们满足以下不等式

$$S(A, \neg B) + S(B, \neg C) \geqslant S(A, \neg C). \tag{7.22}$$

证明　如图 7.3 所示，三个属性 A, B, 和 C 将总集合分成了 8 部分：K_1, K_2, K_3, K_4, K_5, K_6, K_7 和不具有 A, B 或 C 的部分（图 7.3 中的白色区域）. 显然，$S(A, \neg B) = K_1 + K_4$, $S(B, \neg C) = K_2 + K_3$, $S(A, \neg C) = K_1 + K_2$. 所以

$$S(A, \neg B) + S(B, \neg C) = K_1 + K_4 + K_2 + K_3 = S(A, \neg C) + K_3 + K_4 \geqslant S(A, \neg C). \tag{7.23}$$

证毕.

在不等式两边同时除以总集合元素个数，我们会得到

$$p(A, \neg B) + p(B, \neg C) \geqslant p(A, \neg C), \tag{7.24}$$

其中 $p(A, \neg B)$ 是具有属性 A 而不具有属性 B 的概率，$p(B, \neg C)$ 和 $p(A, \neg C)$ 类似. 下面我们详细说明双自旋单态 $|S\rangle$ 里的概率关联会违反这个看起来天经地义的不等式.

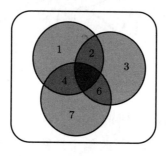

图 7.3　方框：总集合；左上圆：属性 A；右上圆：属性 B；下圆：属性 C

在图 7.1 描述的双自旋施特恩-格拉赫实验中，两侧的磁场方向是一样的. 我们完全可以让两侧的磁场方向不同，比如左侧磁场的方向是 e_1、右侧磁场的方向是 e_2. 为简单起见，我们设定 e_1 和 e_2 只处于 x-z 平面，在 y 方向没有分量. 由于自旋 1 飞向左边，它的可观测量算符是 $e_1 \cdot \hat{\boldsymbol{\sigma}}$；类似地，自旋 2 的算符是 $e_2 \cdot \hat{\boldsymbol{\tau}}$. 这样，对于这种实验设置，双自旋算符是 $e_1 \cdot \hat{\boldsymbol{\sigma}} \otimes e_2 \cdot \hat{\boldsymbol{\tau}}$. $e_1 \cdot \hat{\boldsymbol{\sigma}}$ 和 $e_2 \cdot \hat{\boldsymbol{\tau}}$ 各自有两个本征态：

$$e_1 \cdot \hat{\boldsymbol{\sigma}}|e_1^+\rangle = |e_1^+\rangle, \ e_1 \cdot \hat{\boldsymbol{\sigma}}|e_1^-\rangle = -|e_1^-\rangle; \tag{7.25}$$

$$e_2 \cdot \hat{\boldsymbol{\tau}}|e_2^+\rangle = |e_2^+\rangle, \ e_2 \cdot \hat{\boldsymbol{\tau}}|e_2^-\rangle = -|e_2^-\rangle. \tag{7.26}$$

用这些本征态可以构造出双自旋算符 $e_1 \cdot \hat{\boldsymbol{\sigma}} \otimes e_2 \cdot \hat{\boldsymbol{\tau}}$ 的四个本征态 $|e_1^+ e_2^+\rangle$，$|e_1^+ e_2^-\rangle$，$|e_1^- e_2^+\rangle$，$|e_1^- e_2^-\rangle$. 这四个本征态正好组成另外一套双自旋希尔伯特空间的正交归一基. 我们将自旋单态用这四个本征态展开：

$$|S\rangle = g_1|e_1^+ e_2^+\rangle + g_2|e_1^+ e_2^-\rangle + g_3|e_1^- e_2^+\rangle + g_4|e_1^- e_2^-\rangle. \tag{7.27}$$

在（7.27）式两边左乘 $\langle e_1^+ e_2^+|$. 因为 $|e_1^+ e_2^+\rangle$, $|e_1^+ e_2^-\rangle$, $|e_1^- e_2^+\rangle$, $|e_1^- e_2^-\rangle$ 是正交归一的，只有右侧第一项不为零，所以有

$$p(\hat{e}_1, \hat{e}_2) = |g_1|^2 = |\langle e_1^+ e_2^+ |S\rangle|^2. \tag{7.28}$$

这是同时测到左侧自旋沿 e_1 向上和右侧自旋沿 e_2 向上的概率. 这个概率显然只应该依赖于 e_1 和 e_2 间的夹角，因此为简化计算，我们可以假定 e_1 就是 z 轴，而 e_2 在 x-z 平面但和 z 轴有个夹角 θ，即 $\hat{e}_1 = \{0,0,1\}$ 和 $\hat{e}_2 = \{\sin\theta, 0, \cos\theta\}$. 于是有

$$|e_1^+ e_2^+\rangle = |u\rangle \otimes \left(\cos\frac{\theta}{2}|u\rangle + \sin\frac{\theta}{2}|d\rangle\right) = \cos\frac{\theta}{2}|uu\rangle + \sin\frac{\theta}{2}|ud\rangle \tag{7.29}$$

和

$$p(\hat{e}_1, \hat{e}_2) = \left|\left(\cos\frac{\theta}{2}\langle uu| + \sin\frac{\theta}{2}\langle ud|\right)|S\rangle\right|^2$$
$$= \sin^2\frac{\theta}{2}|\langle ud|S\rangle|^2 = \frac{1}{2}\sin^2\frac{\theta}{2}. \tag{7.30}$$

有兴趣的读者可以利用 (5.17) 式来直接计算 $\langle e_1^+ e_2^+ |S\rangle$，验证上面的结果. 下面我们用这个结果来演示量子纠缠的超距关联会违反贝尔不等式.

我们设定属性 A 为自旋 1 沿 $n_1 = \{0,0,1\}$ 方向向上，B 为自旋 1 沿 $n_2 = \{\sqrt{3}/2, 0, 1/2\}$ 方向向上，C 为自旋 1 沿 $n_3 = \{\sqrt{3}/2, 0, -1/2\}$ 方向向上（见图 7.4）. 这样，属性 $\neg B$ 就是自旋 1 沿 n_2 方向向下. 在单态 $|S\rangle$ 中，当自旋 1 沿 n_2 方向向下时，自旋 2 一定沿 n_2 方向向上. 所以属性 $\neg B$ 也可

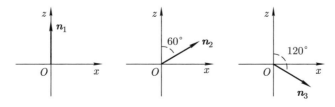

图 7.4 违反贝尔不等式举例. n_1、n_2 和 n_3 分别是三个不同的自旋方向

以被看成是自旋 2 沿 $\boldsymbol{n}_2$ 方向向上. 类似地, 属性 $\neg C$ 可以被看成是自旋 2 沿 $\boldsymbol{n}_3$ 方向向上. 基于这些理解, 利用 (7.30) 式, 我们有

$$p(A, \neg B) = p(\boldsymbol{n}_1, \boldsymbol{n}_2) = \frac{1}{2}\sin^2\frac{\pi}{6} = \frac{1}{8}, \tag{7.31}$$

$$p(B, \neg C) = p(\boldsymbol{n}_2, \boldsymbol{n}_3) = \frac{1}{2}\sin^2\frac{\pi}{6} = \frac{1}{8}, \tag{7.32}$$

和

$$p(A, \neg C) = p(\boldsymbol{n}_1, \boldsymbol{n}_3) = \frac{1}{2}\sin^2\frac{\pi}{3} = \frac{3}{8}, \tag{7.33}$$

显然有

$$p(A, \neg B) + p(B, \neg C) = 1/4 < p(A, \neg C). \tag{7.34}$$

贝尔不等式被违反了! 当然我们也可以重新定义一组属性 A, B, C, 它们不违反贝尔不等式, 但重要的是违反的例子. 导致违反的罪魁祸首显然是两个自旋间的超距关联: 如果自旋 1 向上, 自旋 2 就一定向下; 反之亦然. 在上面的讨论中, 我们反复利用这个关联将单自旋函数 $p(A, \neg B)$, $p(B, \neg C)$, $p(A, \neg C)$ 转换为双自旋函数 $p(\boldsymbol{n}_1, \boldsymbol{n}_2)$, $p(\boldsymbol{n}_2, \boldsymbol{n}_3)$, $p(\boldsymbol{n}_1, \boldsymbol{n}_3)$. 正是这种超距关联使得违反贝尔不等式成为可能.

　　形成鲜明对比的是, 经典超距关联不会违反贝尔不等式. 我们举一个例子. 丁丁和当当是一对双胞胎. 当当要出远门工作, 临行前丁丁拿出了许多一模一样的长方盒子 (见图 7.5). 丁丁说: "这是我们小时候一起玩过的 100 辆玩具汽车. 我发现其中正好有 50 辆是黑色的, 50 辆是跑车, 50 辆是遥控的. 我把它们装在了 50 个完全相同的长方盒子里." 丁丁拿出一个长方盒子, 里面有两个相同的小方盒, 说: "汽车就装在这些小方盒里. 在装盒子的时候, 我特意不让两辆跑车在同一长方盒子里, 不让两辆黑色汽车在同一长方盒子里, 不让两辆遥控汽车在同一长方盒子里. 现在你从每个长方盒子里随便拿一辆, 另外一辆留给我作纪念." 当当随机从每个长方盒子里拿了一个小方盒, 带着

总共 50 个小方盒出发了. 在外地, 当当经常会把这 50 辆玩具汽车拿出来端详, 回想和丁丁一起度过的快乐时光. 有一天, 当当突然意识到丁丁在和他玩一个数学游戏. 从自己手中的 50 辆玩具汽车, 当当推断: 有 7 个长方盒子, 他从这些盒子里拿走了黑色汽车而留给丁丁的是跑车; 有 14 个长方盒子, 他从这些盒子里拿走了跑车而留给丁丁的是遥控车; 有 9 个长方盒子, 他从这些盒子里拿走了黑色车而留给丁丁的是遥控车. 这三个数字显然满足一个不等式: $7 + 14 > 9$. 当当发现这个不等式不是巧合: 无论当时自己是怎样挑选的, 前两种盒子的个数加起来总是大于第三种盒子的个数. 这个不等式实质上就是贝尔不等式. 我们来分析一下为什么.

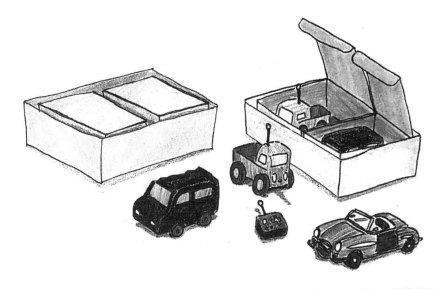

图 7.5 玩具汽车. 它们可能是黑色的、遥控的或者是跑车, 也可能具有其他性质

在这个例子里, 集合是所有的玩具汽车, 属性 A 是黑色, 属性 B 是跑车, 属性 C 是遥控. 我们关注三种长方盒子. 第一种长方盒子的特征是当当从中拿走了黑色汽车, 丁丁得到了跑车, 假设这种盒子有 $D_{A,B}$ 个; 第二种长方盒子的特征是当当从中拿走了跑车, 丁丁得到了遥控车, 假设这种盒子有 $D_{B,C}$ 个; 第三种长方盒子的特征是当当从中拿走了黑色汽车, 丁丁得到

了遥控汽车，假设这种盒子有 $D_{A,C}$ 个. 由于同一个长方盒子里的两辆汽车不能同时是黑色，或者同时是跑车，或者同时是遥控车，再加上黑色汽车、跑车和遥控车的数目都正好是总汽车数的一半，丁丁和当当手中的玩具汽车之间是存在超距关联的. 比如当当拿到跑车时，丁丁从同一个长方盒子一定没有拿到跑车；而当当没有拿到跑车时，丁丁从同一个长方盒子一定拿到了跑车. 这样，当当手中黑色非跑车数量 $S(A, \neg B)$ 等于第一种长方盒子的数目 $D_{A,B}$. 类似地，我们有 $S(B, \neg C) = D_{B,C}$ 和 $S(A, \neg C) = D_{A,C}$. 根据贝尔不等式 $S(A, \neg B) + S(B, \neg C) \geqslant S(A, \neg C)$，我们有 $D_{A,B} + D_{B,C} \geqslant D_{A,C}$. 在上面的例子中，$D_{A,B} = 7$，$D_{B,C} = 14$，$D_{A,C} = 9$，只是这个不等式的特例.

表面上看，这个玩具汽车的例子和自旋单态非常类似：长方盒子中的两辆玩具汽车相当于一对自旋；长方盒子中的两辆汽车不能同时是黑色车、跑车或遥控车，相当于单态中的两个自旋方向总是相反的. 但是，玩具汽车间的超距关联不会违反贝尔不等式，而自旋单态中两个自旋间的超距关联则会违反. 所以经典中的超距关联和量子纠缠中的超距关联是不同的，它们可以用贝尔不等式来区分.

第五章以骰子为例讨论了经典物理里概率的来源，我们的结论是经典概率不是本质和内在的，它来自无知. 对于掷骰子，如果我们用概率来预测结果，那是由于存在一些随机因素（比如，桌面偶尔的振动），或者我们没有能力去全面考虑掷骰子过程中各种因素（比如，骰子材料的弹性、桌面材料的弹性、骰子和桌面碰撞的角度等）. 如果我们像那个认真的小量一样，尽量排除偶然因素并细致认真地研究和考虑掷骰子过程中的各种因素，我们完全可以抛开概率从而准确预测掷骰子的结果（见第 5.3 节的讨论）.

我们反复强调，量子态中的概率和经典物理中的概率是不一样的：量子态中概率是本质和内在的，不是来源于随机或复杂的因素. 但这种强调显得有些空泛无力，因为量子态中的概率完全可能是某些"隐藏"的因素造成的，只是我们现代物理还没有探测这些因素的能力从而导致了量子态中的概率. 这就是前面介绍过的隐变量理论. 我们考虑单个自旋，假设它处于前面（5.3）式的一个量子态

$$|\psi_{1/6}\rangle = \sqrt{\frac{1}{6}}|u\rangle + \sqrt{\frac{5}{6}}|d\rangle.$$

对于这个自旋态的测量结果，我们可以将其等价为一个特殊的骰子，它有五个面刻着"下"，一个面刻着"上". 在测量中，由于我们对那些"隐藏"的因素完全不了解，于是只能用概率来预测测量的结果. 对于单个自旋，这样理解概率是合理的.

贝尔告诉我们，如果隐变量理论是对的，那么所有双自旋量子态中的概率关联必须满足不等式 (7.24). 因为隐变量理论意味着量子概率和经典概率一样是由未知因素造成的，应该可以被经典概率论描述. 而贝尔不等式(7.24) 在经典概率论里是一个严格的不等式. 但我们前面已经看到，很多情况下双自旋单态中的关联不满足不等式 (7.24). 因此，量子纠缠态违反贝尔不等式的一个深刻含义是，我们不能用隐变量理论来理解量子态中的概率. 量子概率确实是本质和内在的，它既不是来自偶然和被忽略的因素，也不是来自某些超越我们现代物理知识的"隐藏"因素.

贝尔不等式还有一个重要的意义. 在这之前，以爱因斯坦和玻尔为代表的物理学家就量子力学中的概率有过很多激烈的争论，但这些争论只能停留在字面上，是一种哲学式的讨论. 贝尔不等式将这种讨论归结为一个数学表达式，使得物理学家可以从实验上去澄清这个争论. 迄今为止，所有和贝尔不等式相关的实验都站在了量子力学一边：贝尔不等式是可以被违反的. 上帝确实在玩骰子，一种非常特殊的骰子. 贝尔揭开了那层神秘的面纱，让我们认识了这种骰子的"殊容".

7.2.2 自我的缺失

量子纠缠还有一个鲜明的特征很少被大众媒体提及. 我把这个特征叫作自我的缺失. 下面是详细的讨论.

前面已经反复介绍过，量子态是希尔伯特空间中的一个向量，这个向量完整地描述了体系的运动状态. (7.18) 式中的自旋单态 $|S\rangle$ 就是四维希尔伯特空间里的一个量子态，它完整描述了双自旋系统的运动状态. 那么其中的两个自旋分别处于什么量子态呢？假定这两个自旋分别具有确定的量子态，自旋 1 的状态由二维希尔伯特空间中的向量 $|\phi_1\rangle$ 描述而自旋 2 则由二维希尔伯特空间中的另一个向量 $|\phi_2\rangle$ 描述，这样这个双自旋系统的状态就应该由这两个向量的直积 $|\phi_1\rangle \otimes |\phi_2\rangle$ 描述. 利用前面的反证法，我们可以证明这是不可能的. 所以尽管我们完全清楚整个双自旋系统处于什么量子态，但我们却不清楚其中的单个自旋处于什么量子态. 用通俗的语言，我们说在自旋单态 $|S\rangle$ 中单个自旋失去了自我. 这是量子纠缠态一个非常重要而神奇的普遍特征，和经典力学有本质不同. 如果有两个经典粒子，我们确切地知道它们的整体运动状态，那也意味着我们知道粒子 1 的运动状态 (x_1, p_1) 和粒子 2 的运动状态 (x_2, p_2). 在经典力学里，只有知道了每个粒子的运动状态才能确切知道整个系统的运动状态. 但在量子力学里，情况完全不同. 在量子纠缠态中，我们可以确切地知道系统的整体运动状态，但却不知道系统中每个粒子的运动状态. 我们把量子纠缠态的这个特征叫作自我的缺失.

我们换一个更物理的角度来体会和理解一下这种自我的缺失. 根据第五章的讨论（参见与 (5.19) 式相关的讨论），对于任意一个单自旋态 $|\psi\rangle$，我们总是可以找到一个方向 $\boldsymbol{n}$ 以使 $\boldsymbol{n} \cdot \hat{\boldsymbol{\sigma}} |\psi\rangle = |\psi\rangle$，也就是 $\langle\psi|\boldsymbol{n} \cdot \hat{\boldsymbol{\sigma}}|\psi\rangle = 1$. 这个结果表明，在施特恩–格拉赫实验中，如果粒子源发射的银原子总是处于自旋态 $|\psi\rangle$，我们总是可以适当调整磁场的方向使得屏幕上只有一个斑点.

我们马上会发现自旋单态 $|S\rangle$ 中的单自旋有完全不同的表现. 我们先计算 $\langle S|\boldsymbol{n} \cdot \hat{\boldsymbol{\sigma}}|S\rangle$. 对于 $\langle S|\hat{\sigma}_x|S\rangle$, 有

$$
\begin{aligned}
\langle S|\hat{\sigma}_x|S\rangle &= \frac{1}{2}((\langle ud| - \langle du|)\hat{\sigma}_x(|ud\rangle - |du\rangle)) \\
&= \frac{1}{2}((\langle ud| - \langle du|)(\hat{\sigma}_x|ud\rangle - \hat{\sigma}_x|du\rangle)) \\
&= \frac{1}{2}((\langle ud| - \langle du|)(|dd\rangle - |uu\rangle)) \\
&= \frac{1}{2}\Big(\langle ud|dd\rangle - \langle ud|uu\rangle - \langle du|dd\rangle + \langle du|uu\rangle\Big) \\
&= \frac{1}{2}\Big(\langle u|d\rangle\langle d|d\rangle - \langle u|u\rangle\langle d|u\rangle - \langle d|d\rangle\langle u|d\rangle + \langle d|u\rangle\langle u|u\rangle\Big) \\
&= 0.
\end{aligned}
\tag{7.35}
$$

通过类似的计算, 有

$$
\langle S|\hat{\sigma}_y|S\rangle = \langle S|\hat{\sigma}_z|S\rangle = 0,
\tag{7.36}
$$

所以

$$
\langle S|\boldsymbol{n} \cdot \hat{\boldsymbol{\sigma}}|S\rangle = n_x\langle S|\hat{\sigma}_x|S\rangle + n_y\langle S|\hat{\sigma}_y|S\rangle + n_z\langle S|\hat{\sigma}_z|S\rangle = 0.
\tag{7.37}
$$

对于自旋 2, 同样有

$$
\langle S|\boldsymbol{n} \cdot \hat{\boldsymbol{\tau}}|S\rangle = 0.
\tag{7.38}
$$

这些结果意味着, 在图 7.1 描述的双自旋施特恩–格拉赫实验中, 无论你怎么调整两侧磁场的方向, 永远会在两侧的屏幕上各观察到两个分立的大小相同的斑点. 这和前述的单自旋施特恩–格拉赫实验结果形成了鲜明的对比. 所以, 在自旋单态 $|S\rangle$ 中, 单个自旋完全迷失了, 不知道自己处于什么量子态.

如果在双自旋施特恩–格拉赫实验中, 粒子源产生的双自旋处于直积态 $|\Psi_{12}\rangle$, 情况会怎样呢? 我们先做计算:

$$
\langle \Psi_{12}|\boldsymbol{n} \cdot \hat{\boldsymbol{\sigma}}|\Psi_{12}\rangle = \langle \psi|\boldsymbol{n} \cdot \hat{\boldsymbol{\sigma}}|\psi\rangle\langle \phi|\phi\rangle = \langle \psi|\boldsymbol{n} \cdot \hat{\boldsymbol{\sigma}}|\psi\rangle,
\tag{7.39}
$$

$$
\langle \Psi_{12}|\boldsymbol{n} \cdot \hat{\boldsymbol{\tau}}|\Psi_{12}\rangle = \langle \psi|\psi\rangle\langle \phi|\boldsymbol{n} \cdot \hat{\boldsymbol{\tau}}|\phi\rangle = \langle \phi|\boldsymbol{n} \cdot \hat{\boldsymbol{\tau}}|\phi\rangle.
\tag{7.40}
$$

根据前面的结果，我们总可以找到两个方向 n_1，n_2，使得 $\langle\psi|n_1\cdot\hat{\sigma}|\psi\rangle = \langle\psi|n_2\cdot\hat{\sigma}|\psi\rangle = 1$. 当我们把实验中左侧的磁场方向调整到 n_1 方向，右侧的磁场方向调整到 n_2 方向时，两个检测屏上都只会出现一个斑点.

上面的分析表明，直积态和纠缠态不只是数学上不一样，而且物理内涵也非常不同，会导致不同的实验后果.

既然处于纠缠态的单个粒子没有确定的量子态，不能用希尔伯特空间中的向量描述，那它究竟处于什么态，我们该如何描述它呢？它处于混合态，可以用密度矩阵描述它的状态. 对于处于自旋单态的自旋 1，它处于如下混合态：

$$\hat{\rho}_1 = \frac{1}{2}|u\rangle\langle u| + \frac{1}{2}|d\rangle\langle d|. \tag{7.41}$$

这个密度矩阵表示自旋 1 处于一个不确定的量子状态：有 1/2 的概率处于量子态 $|u\rangle$；有 1/2 的概率处于量子态 $|d\rangle$. 至于这个密度矩阵为什么具有这么古怪的形式，是怎么得到的，它的进一步的含义等都超越了本书的范围，有兴趣的读者可以参考朗道的《量子力学》.

第八章 量 子 测 量

　　每个物体在任何时刻都在空间占据一个确定的位置并且以一个确定速度运动（静止是速度为零的运动），这个经验过于平常和熟悉以至于几乎从不引起我们的关注. 或许开车时我们偶尔会关注一下，因为这时我们可以从车速表上知道车的速度，同时从导航设备上知道车的位置. 显然，车速表和导航设备不会互相影响，车速表对速度的测量和导航设备对位置的测量也不会影响我们的驾驶和车辆的行驶状况. 这就是我们的日常经验：每个物体在任何时刻都具有确定的位置和速度，我们可以同时测量一个物体的位置和速度，这两种测量不会互相影响而且也不会影响物体的运动状态.

　　这个习以为常的生活经验和经典力学的理论框架完全一致. 在经典力学里，一个粒子在任何时刻都具有确定的位置和动量（或速度）. 位置和动量不但可以被测量，而且可以被同时测量；测量结果总是确定的，并且测量对粒子运动的影响原则上总是可以降到零. 但是在学习经典力学的过程中，没有教科书或老师会反复强调这些特征，在经典力学里这一切都理所当然.

　　上面这些讨论会让不了解量子力学的人觉得奇怪和无聊. 就好像某人这样介绍一个人的相貌："他有两只眼睛，一个鼻子 ……" 你会觉得这个人不是精神有问题就是想故意浪费大家的宝贵时间. 但是如果这个人接下来开始介绍一个外星人的相貌时，你就不会觉得无聊了. 我们现在就是要介绍一个 "外星人" ——量子测量.

　　在经典物理里，测量不是基本理论框架的一部分，关于测量的讨论仅限于具体的实验操作，比如如何提高测量精度、减小噪声. 原则上，不同的测量无论同时进行还是分开进行，测量结果总是确定的，测量中的噪声和仪器的影响原则上总是可以减小至零.

在量子力学里，测量不再只是涉及具体的实验操作，而是量子力学理论框架的一部分. 我们回顾一下量子力学的基本理论框架（见第五章）. 在量子力学里，量子态是希尔伯特空间的一个向量. 希尔伯特空间是抽象的，其中的向量也是抽象的，和实际物理世界没有直接的联系和对应. 为了建立这个联系和对应，人们引入了可观测量这个概念. 可观测量在数学上由同样抽象的算符（或矩阵）表示，和实际测量结果对应的是这些算符的本征值，而量子态给出的是这些测量结果可能的概率.

由此可见，测量在量子力学的基本理论框架中占领了一个非常独特的核心地位，测量也因此成为量子力学里最微妙的概念和最富争议的话题. 关于量子测量，物理学家的共识是：(1) 当两种测量对应的算符不对易时，这两种测量将不可能同时给出确定的测量结果，这就是著名的海森堡不确定性关系；（2）测量会对量子系统产生不可忽略的影响. 物理学家关于量子测量的争议和第二个共识有关. 测量会如何影响量子系统？影响的后果是什么？关于这个问题有很多不同的观点，我将介绍两个学派：哥本哈根理论和多世界理论. 哥本哈根理论以波包塌缩为中心，是最流行的；多世界理论则是我认为最合理的. 遗憾的是，我们现在还无法用实验来判断各种不同学派的对错.

8.1　不确定性关系

海森堡在 1927 年发现了一个神奇的不等式

$$\Delta x \Delta p \geqslant \hbar/2, \tag{8.1}$$

这就是著名的海森堡不确定性关系. 在这个不等式里，Δx 是粒子位置的不确定度；Δp 是粒子动量的不确定度. 根据这个不等式，如果一个粒子有确定的位置，也就是 $\Delta x = 0$，那么 $\Delta p = \infty$，也就是这个粒子的动量完全不确定.

反过来，如果粒子的动量完全确定，$\Delta p = 0$，那么粒子的坐标完全不确定，$\Delta x = \infty$. 海森堡不确定性关系揭示了一个令人震惊的现实：无论你用多么先进和精确的仪器，即使你有能力消除测量中的所有噪声，对于一个粒子的位置和动量，你也不可能同时给出确定的测量结果. 这是量子测量的第一个怪异特征.

我们已经介绍过，量子力学中的可观测量由算符（即矩阵）表达，而矩阵的乘法次序会影响乘法结果. 比如你可以直接验算 $\hat{\sigma}_x \hat{\sigma}_y \neq \hat{\sigma}_y \hat{\sigma}_x$. 对于这种情况，我们说算符 $\hat{\sigma}_x$ 和 $\hat{\sigma}_y$ 不对易. 海森堡不确定性关系正是源于量子力学中位置和动量算符的不对易性. 量子力学有一个一般的结论：如果两个可观测量 $\hat{O}_1$ 和 $\hat{O}_2$ 不对易，$\hat{O}_1 \hat{O}_2 \neq \hat{O}_2 \hat{O}_1$，那么对 $\hat{O}_1$ 和 $\hat{O}_2$ 观测的不确定度不可能同时为零. 由于位置和动量算符的数学表达涉及微积分，我们选择用简单的自旋算符来阐述算符的不对易性和测量的关系. 关于不确定性关系 (8.1) 的严格证明，有兴趣的读者可以参考曾谨言的《量子力学》.

我们先补充一些统计方面的简单数学知识，了解一下什么是统计的不确定度. 对于一个变量 w，假设它有 n 个可能的取值 $w_1, w_2, \cdots, w_n$，每个可能取值的概率分别是 $p_1, p_2, \cdots, p_n$，那么它的平均值或期望值是

$$\bar{w} = \sum_{i=1}^{n} p_i w_i, \tag{8.2}$$

它的不确定度是

$$\Delta w = \sqrt{\sum_{i=1}^{n} p_i (w_i - \bar{w})^2}. \tag{8.3}$$

我们举两个例子. 掷骰子有 6 种可能的结果：$w_1 = 1$，$w_2 = 2$，$w_3 = 3$，$w_4 = 4$，$w_5 = 5$，$w_6 = 6$；不同结果的概率是一样的，即 $p_1 = p_2 = p_3 = p_4 = p_5 = p_6 = 1/6$. 这样，骰子的期望值是

$$\bar{w} = (w_1 + w_2 + w_3 + w_4 + w_5 + w_6)/6 = 3.5. \tag{8.4}$$

骰子的不确定度是

$$\Delta w^2 = \frac{(1-\bar{w})^2 + (2-\bar{w})^2 + (3-\bar{w})^2 + (4-\bar{w})^2 + (5-\bar{w})^2 + (6-\bar{w})^2)}{6}$$
$$\approx 2.92. \tag{8.5}$$

再看一个例子. 用两种不同的仪器测量同一个粒子的位置 x, 各测量了四次, 结果如表 8.1 所示.

表 8.1   两个仪器的测量结果

仪器 1 的测量结果/m				仪器 2 的测量结果/m			
0.12	0.11	0.10	0.09	0.101	0.098	0.103	0.099

对于仪器 1, 我们有 $\bar{x}_1 = (0.12 + 0.11 + 0.10 + 0.09)/4 = 0.105$,

$$\Delta x_1 = \sqrt{\frac{(0.12 - \bar{x}_1)^2 + (0.11 - \bar{x}_1)^2 + (0.10 - \bar{x}_1)^2 + (0.09 - \bar{x}_1)^2}{4}} \approx 0.11. \tag{8.6}$$

对于仪器 2, 我们有 $\bar{x}_1 = (0.101 + 0.098 + 0.103 + 0.099)/4 = 0.10025$,

$$\Delta x_2 = \sqrt{\frac{(0.101 - \bar{x}_2)^2 + (0.098 - \bar{x}_2)^2 + (0.103 - \bar{x}_2)^2 + (0.099 - \bar{x}_2)^2}{4}}$$
$$\approx 0.002. \tag{8.7}$$

可见 $\Delta x_2 \ll \Delta x_1$, 这说明仪器 2 的精度比仪器 1 的精度高很多. 上面的计算中为了简单, 我们假设了得到每个测量结果的概率是一样的.

我们回到量子力学, 考虑一个自旋, 假设自旋处于下面这个量子态:

$$|\psi\rangle = a|u\rangle + b|d\rangle. \tag{8.8}$$

我们感兴趣的是它的两个相互不对易的自旋算符 $\hat{\sigma}_x$ 和 $\hat{\sigma}_z$. 关于 $\hat{\sigma}_z$ 的测量有两个可能的结果: 1, 概率是 $|a|^2$; -1, 概率是 $|b|^2$. 按照上面介绍的统计知识,

它的期望值是

$$\bar{\hat{\sigma}}_z = |a|^2 - |b|^2. \tag{8.9}$$

直接的计算可以验证，这和我们在第五章介绍的算符期望值的计算是一致的，即 $\bar{\hat{\sigma}}_z = \langle\psi|\hat{\sigma}_z|\psi\rangle$. 根据 (8.3) 式，$\hat{\sigma}_z$ 测量的不确定度是

$$\Delta\hat{\sigma}_z^2 = |a|^2(1-\bar{\hat{\sigma}}_z)^2 + |b|^2(-1-\bar{\hat{\sigma}}_z)^2 = 4|a|^2|b|^2. \tag{8.10}$$

直接的计算可以验证

$$\Delta\hat{\sigma}_z^2 = \langle\psi|(\hat{\sigma}_z - \bar{\hat{\sigma}}_z)^2|\psi\rangle = \langle\psi|\hat{\sigma}_z^2|\psi\rangle - \bar{\hat{\sigma}}_z^2 = 4|a|^2|b|^2. \tag{8.11}$$

我们不但得到了 $\hat{\sigma}_z$ 测量的期望值和不确定度，而且验证了量子力学中期望值的算法和普通的统计算法是一致的. 对于 $\hat{\sigma}_x$，我们直接利用量子力学中的算法. 自旋算符 $\hat{\sigma}_x$ 的期望值是

$$\bar{\hat{\sigma}}_x = \langle\psi|\hat{\sigma}_x|\psi\rangle = (a^*\langle u| + b^*\langle d|)\,\hat{\sigma}_x\,(a|u\rangle + b|d\rangle)$$
$$= (a^*\langle u| + b^*\langle d|)\,(a|d\rangle + b|u\rangle) = a^*b + ab^*. \tag{8.12}$$

关于 $\hat{\sigma}_x$ 测量结果的不确定度 $\Delta\hat{\sigma}_x$，有

$$\Delta\hat{\sigma}_x^2 = \langle\psi|\hat{\sigma}_x^2|\psi\rangle - \bar{\hat{\sigma}}_x^2 = 1 - (a^*b + ab^*)^2. \tag{8.13}$$

利用归一条件 $|a|^2 + |b|^2 = 1$，让 $a = \cos\theta$, $b = \mathrm{e}^{\mathrm{i}\beta}\sin\theta$，于是有

$$\Delta\hat{\sigma}_z = |\sin 2\theta|, \tag{8.14}$$
$$\Delta\hat{\sigma}_x = \sqrt{1 - \sin^2 2\theta \cos^2\beta}. \tag{8.15}$$

很显然，$\Delta\hat{\sigma}_x$ 和 $\Delta\hat{\sigma}_z$ 的最大值都是 1，最小值都是 0，即

$$0 \leqslant \Delta\hat{\sigma}_x \leqslant 1 \,,\; 0 \leqslant \Delta\hat{\sigma}_z \leqslant 1. \tag{8.16}$$

这与位置和动量算符不同, 位置和动量算符的不确定度 Δx 和 Δp 可以无穷大. 从（8.14）和（8.15）式, 我们可以得到一个不等式

$$\Delta \hat{\sigma}_x^2 + \Delta \hat{\sigma}_z^2 \geqslant 1. \tag{8.17}$$

它就是自旋的海森堡不确定性关系. 这个不等式告诉我们, 如果 $\Delta \hat{\sigma}_x = 0$, 即关于 $\hat{\sigma}_x$ 的测量结果完全确定, 那么 $\Delta \hat{\sigma}_z = 1$, 关于 $\hat{\sigma}_z$ 的测量具有最大不确定性; 反之亦然.

考虑一个具体的例子, $\theta = \pi/4$, $\beta = 0$. 这时 (8.8) 式中的量子态具有如下形式:

$$|\psi\rangle = \frac{\sqrt{2}}{2}|u\rangle + \frac{\sqrt{2}}{2}|d\rangle. \tag{8.18}$$

我们用施特恩–格拉赫实验（见图 5.1）来观测这个自旋态. 我们重复这个实验 100 次, 每次银原子都处于上面这个自旋态 (8.18), 那么我们大概会有 50 次观测到银原子向上飞, 50 次向下飞. 这是关于 $\hat{\sigma}_z$ 的观测, 观测结果具有最大的不确定度. 而根据公式 (8.14), 我们有不确定度 $\Delta \hat{\sigma}_z = 1$, 和实验结果一致. 如果我们将施特恩–格拉赫实验中的磁场调成 x 轴的方向, 结果会怎样呢? 细心的读者可能已经注意到了 $|\psi\rangle = |f\rangle$, 是 $\hat{\sigma}_x$ 的本征态. 这样我们每次都会观测到银原子飞向 x 轴的上方, 检测屏上只会有一个斑点. 测量结果是确定的. 所以关于 $\hat{\sigma}_x$ 的观测的不确定度应该是零. 而根据 (8.15) 式, 确实有 $\Delta \hat{\sigma}_x = 0$.

如果一个系统所处的量子态 $|\phi_j\rangle$ 是算符 $\hat{O}$ 的本征态, 那么对这个系统测量可观测量 $\hat{O}$ 会得到一个确定的结果, 即不确定度 $\Delta \hat{O} = 0$. 有兴趣的读者可以自己证明一下. 上面讨论的 $|f\rangle$ 和 $\hat{\sigma}_x$ 是这个一般结论的特例.

为什么两个算符的不对易性会导致不确定性关系呢? 为了回答这个问题, 我们做一个大胆的假设: $\hat{\sigma}_x$ 和 $\hat{\sigma}_z$ 具有一个共同的本征态 $|\phi_0\rangle$. 那么根据上面的分析, 如果自旋处于这个本征态, 我们会同时有 $\Delta \hat{\sigma}_x = \Delta \hat{\sigma}_z = 0$, 这违反

自旋的海森堡不确定性关系 (8.17). 所以我们的假设是错误的，σ_x 和 σ_z 没有共同的本征态. 我们知道 σ_x 的本征态是 $|f\rangle$ 和 $|b\rangle$，确实不同于 σ_z 的本征态 $|u\rangle$ 和 $|d\rangle$. 线性代数中有更普遍的结论：如果两个矩阵对易，那么它们一定具有共同的本征态；如果两个矩阵不对易，那么除了一些极其特殊的情况①，它们没有共同本征态. 这两个结论的详细证明和解释超越了本书，有兴趣的读者可以参阅狄拉克的《量子力学原理》. 基于这两个数学结果，我们立刻有：任意两个不对易算符之间都存在海森堡不确定性关系；任意两个对易算符之间没有海森堡不确定性关系. 比如，两个不同方向的动量算符，如 $\hat{p}_x$ 和 $\hat{p}_y$，是相互对易的，它们之间没有海森堡不确定性关系. 事实上也确实存在这样的量子态，它同时是 $\hat{p}_x$ 和 $\hat{p}_y$ 的本征态.

海森堡曾尝试给他的不确定性关系一个直观的解释. 如图 8.1 所示，考虑用波长为 λ 的光去测量某个粒子的位置，那么位置测量的准确度大约就是波长，$\Delta x \sim \lambda$. 测量过程中，光子要和被测量粒子碰撞. 由于光子的动量是 $\hbar k$（$k = 2\pi/\lambda$），这会给粒子的动量带来大约 $\Delta p \sim \hbar k$ 的扰动. 我们于是有

$$\Delta x \Delta p \sim 2\pi\hbar. \tag{8.19}$$

这个估计和公式 (8.1) 中的不等式非常一致. 海森堡的这个分析是非常深刻的，它揭示了测量对被观测粒子确实会产生不可避免的扰动. 我们通常认为测量中仪器的影响总是可以设法降为零的. 比如，测量一大盆水的温度，我们可以把普通温度计插入水中，等水和温度计热交换达到平衡以后，读出温度计上的温度，完成测量. 但是如果只有 1 g 水，这个方法就不行了，因为普通温度计和 1 g 水接触发生热交换时会严重影响水的温度，导致很大的测量误差. 这时候实验物理学家会设法使用更精巧的温度计，比如不接触式温度计，来精确

---

① 比如轨道角动量 s 态，它是不对易轨道角动量算符 $\hat{L}_x$，$\hat{L}_y$ 和 $\hat{L}_z$ 的共同本征态.

测量水的温度，这时候温度计的影响又可以忽略不计. 海森堡的分析表明，对于微观粒子的测量，测量仪器的影响是必须考虑的. 由于这个原因，海森堡不确定性关系经常被称作"测不准关系".

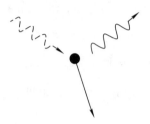

图 8.1   海森堡对不确定性关系的直观解释. 实心圆代表被观测的粒子，虚线代表入射光子，实线代表出射的光子

海森堡的直观分析非常误导人：测量带来的扰动和海森堡不确定性关系似乎是等价的. 事实上，它们是不等价的. 海森堡不等式 (8.1) 来自算符的不可对易性，它反映这样一个物理事实：由于位置和动量算符不对易，所以不存在这样一个量子态，在这个态里粒子同时具有确定的位置和动量. 既然粒子本身不能同时具有确定的位置和动量，任何测量自然不会同时给出确定的位置和动量，这和具体的测量过程其实没有任何关系. 但是海森堡的估算 (8.19) 和不等式 (8.1) 太接近了，上面的分析可能很难让你完全信服. 为此，我们回到自旋. 利用自旋，我们可以令人信服地说明海森堡不确定性关系和测量带来的扰动没有任何关系.

让我们来回顾一下施特恩–格拉赫实验（见图 5.1）对自旋的测量. 如果要做关于 $\hat{\sigma}_x$ 的测量，我们需要让实验中的磁场指向 x 方向；如果要做关于 $\hat{\sigma}_z$ 的测量，我们需要让实验中的磁场指向 z 方向. 如果想同时测量 $\hat{\sigma}_x$ 和 $\hat{\sigma}_z$，我们需要让实验中的磁场同时指向 x 和 z 方向，但这时磁场其实是指向 $\boldsymbol{n} = \{1/\sqrt{2}, 0, 1/\sqrt{2}\}$，是在做关于 $\boldsymbol{n} \cdot \hat{\boldsymbol{\sigma}}$ 的测量. 因此在施特恩–格拉赫实验中，同时精确测量 $\hat{\sigma}_x$ 和 $\hat{\sigma}_z$ 的不可能性来自实际操作的限制，不是来自测量

中的扰动. 为了看得更清楚, 我们还可以考虑一个特殊情况: 磁场方向沿 z 方向, 银原子的自旋态总是 $|u\rangle$. 这时, 每次银原子都飞向上方, 屏幕上只有一个斑点, 测量结果完全是确定的. 如果测量导致的扰动和不确定性关系有关, 很难理解为什么这种情况下它的影响完全消失.

因此海森堡的估算 (8.19) 和不等式 (8.1) 非常接近只是一种数学上的巧合. 依据对图 8.1 的分析, 海森堡揭示了测量对被测量体系带来的不可避免的扰动, 并依此估算了扰动的最小值 (8.19). 这种估算本身没有任何问题, 但我们不应该把它和海森堡不确定性关系(8.1) 联系起来, 二者物理上没有必然的联系. 如果存在物理上的联系, 这种联系也应该反映到自旋测量中. 但是从上面对自旋测量的分析, 我们没有看到自旋的不确定性关系和测量中的扰动有任何联系. 总之, 海森堡的不确定性关系反映的只是算符间的不可对易性, 和测量仪器对量子系统的影响没有关系.

8.2　波　包　塌　缩

第五章介绍了量子力学的基本理论框架, 其中的一条基本原则是, 对一个量子态进行测量时, 测量结果是概率性的. 当时我们有意回避了一个关键问题: 测量后量子态会发生什么变化? 这个问题非常有争议, 不同的物理学家有不同的观点. 我们先介绍一个被普遍接受并且在绝大多数的教科书里讲述的观点 —— 观测会导致量子态发生 "波包塌缩". 这个观点可以在最早也是最负盛名的量子力学专著 —— 狄拉克的《量子力学原理》和冯·诺依曼 (John von Neumann, 1903 — 1957) 的《量子力学的数学基础》(*Mathematical Foundations of Quantum Mechanics*) 里找到源头. 狄拉克和冯·诺依曼都认为测量会导致量子态 $|\psi\rangle$ 发生不连续的跳变, 即波包塌缩. 他们这样描述波包塌缩: 在可观测量 $\hat{O}$ 的测量过程中, 量子态 $|\psi\rangle$ 会以

一定的概率跳变到 $\hat{O}$ 的一个本征态上：

$$|\psi\rangle \;\longrightarrow\; |\phi_j\rangle. \tag{8.20}$$

这里 $|\phi_j\rangle$ 是 $\hat{O}$ 的本征态，而这个跳变发生的概率是 $|\langle\phi_j|\psi\rangle|^2$.

　　这个观点似乎得到了实验的支持. 让我们再次回顾施特恩–格拉赫实验（见图 5.1）. 假设有一个处于自旋态 $|\psi\rangle = (|u\rangle + |d\rangle)/\sqrt{2}$ 的银原子从粒子源飞向检测屏. 在银原子碰到检测屏前，这个自旋态是保持不变的，我们一直不能确定银原子会飞到检测屏上方还是下方. 但银原子碰到检测屏时，它只会出现在一处，上方或下方. 如果这个银原子飞到了上方，我们就说银原子的自旋态塌缩了：

$$|\psi\rangle = (|u\rangle + |d\rangle)/\sqrt{2} \;\longrightarrow\; |u\rangle. \tag{8.21}$$

所以，波包塌缩对施特恩–格拉赫实验的解释看起来是很合理的.

　　但波包塌缩是非常令人费解的. 波包塌缩应该是一个实实在在的物理过程，因为它是两个实实在在的物理体系——被观测物体和测量仪器相互作用的结果. 这样一个物理过程究竟如何发生的？整个波包塌缩过程经历了多长的时间？能用一个具体的数学方程来描述波包塌缩吗？狄拉克和冯·诺依曼都没有回答这些问题，他们只是用文字描述了波包塌缩，没有用任何数学.

　　掷骰子和波包塌缩有些相像：骰子在掷出前，状态不确定；投掷结束后，骰子会稳定下来处于一个确定的状态. 骰子也经历了从状态不确定到确定的"塌缩". 但是，骰子状态的"塌缩"是一个实实在在的物理过程，我们可以看到骰子在空中的轨迹、和桌面的碰撞、在桌子上的翻滚. 一个聪明能干的物理学家甚至可以细心研究这个过程，并精确描述它（见图 5.2）. 但是量子力学的波包塌缩不需要经历这样一个物理过程，显得非常神秘和令人困惑.

　　如果我们接受波包塌缩假说，那么在量子力学中就存在两种截然不同的量子态演化：（1）波包塌缩；（2）量子态按照薛定谔方程进行的动力学演化

(见第六章). 前者是不连续的、非幺正的；后者是连续和幺正的. 冯·诺依曼在《量子力学的数学基础》里反复强调这两种量子态演化的不同源于系统的差异：进行幺正演化的系统是孤立的量子系统，即量子系统和外界没有任何能量和物质交换；而发生波包塌缩的量子系统和测量系统有相互作用.

1957 年，埃弗里特在他的博士论文里指出波包塌缩假说存在一个内在的逻辑矛盾. 我们来看看这个矛盾是什么.

考虑一个完全与外界隔绝的实验室，即这个实验室与外界既没有能量也没有粒子交换. 实验员鲍勃（Bob）在实验室里面做施特恩–格拉赫实验(见图8.2). 他从粒子源释放了一个处于自旋态 $|f\rangle = (|u\rangle + |d\rangle)/\sqrt{2}$ 的银原子，然后关掉粒子源. 最后银原子飞向了检查屏上方. 鲍勃将这个结果记录在笔记本上. 一天以后爱丽丝（Alice）打开了这个实验室，进去查看结果. 爱丽丝对实验结果没有异议，但坚持说鲍勃在自己打开门的那个时刻才把结果记录在笔记本上. 鲍勃当然坚持自己一天前就记录好了. 我们看看这个争议是如何来的.

对于鲍勃来说，被测量系统是自旋，而测量仪器是磁铁和检测屏等实验设备. 在鲍勃看来，波包塌缩发生在银原子和检测屏接触的一刻. 但是对于实验员爱丽丝，被测量系统则是实验室里所有的物体，包括鲍勃，而测量仪器则是爱丽丝的眼睛. 在爱丽丝打开实验室的门之前，整个实验室和外界隔离，是一个孤立的量子系统. 前面我们强调了，波包塌缩只会发生在被测量系统和仪器相互作用的时候. 所以对于爱丽丝来说，在她观测以前，整个实验室的量子态应该进行连续的幺正变换

$$\hat{U}\left[\frac{1}{\sqrt{2}}(|u\rangle + |d\rangle) \otimes |\emptyset\rangle\right] = \frac{1}{\sqrt{2}}[|u\rangle \otimes |\text{Up}\rangle + |d\rangle \otimes |\text{Down}\rangle]. \tag{8.22}$$

这里 $|\emptyset\rangle$ 代表笔记本上没有任何记录；$|\text{Up}\rangle$ 代表笔记本上记录为 "上"；$|\text{Down}\rangle$ 代表笔记本上记录为 "下". 这样，对于爱丽丝，在实验室门打开以前，笔记本上既可能是 "上"，也可能是 "下". 在门打开的瞬间，爱丽丝的眼睛和

实验室里的所有物体发生了作用, 于是波包塌缩:

$$\frac{1}{\sqrt{2}}\big[|u\rangle \otimes |\text{Up}\rangle + |d\rangle \otimes |\text{Down}\rangle\big] \quad \longrightarrow \quad |u\rangle \otimes |\text{Up}\rangle. \tag{8.23}$$

这样就有了前面说的争议: 爱丽丝认为打开门的一刹那笔记本上的记录才确定下来; 鲍勃当然完全确信自己一天前就记录好了.

图 8.2   波包塌缩的困境. 爱丽丝 (Alice) 和鲍勃 (Bob) 是两个实验员. 一开始鲍勃所在的实验室和外界完全隔绝. 爱丽丝在鲍勃完成实验 1 天以后才打开实验室的门

我们可以换个角度来审视波包塌缩引起的这个争议. 在日常生活中, 一个宏观物体和另外一个宏观物体相互作用是不会引起波包塌缩的. 比如, 当我们打开一扇门或者拿起一本笔记本查看记录时, 我们的动作是不会引发波包塌缩这样的现象的. 波包塌缩只会发生在一个微观系统和一个大型测量仪器相互作用时, 比如前面的银原子和磁铁、检测屏相互作用时. 由于施特恩 – 格拉赫实验在一天前已经完成，当实验员爱丽丝进入实验室时，她接触到和看到的东西都是宏观的，比如鲍勃和他的记录本，不应该引发任何波包塌缩. 而对于爱丽丝，施特恩–格拉赫实验又是在完全隔绝的情况下进行的. 所以在爱丽丝看来，整个实验过程中没有发生任何不连续的波包塌缩，整个实验过程应该是一个连续、确定的幺正演化. 当爱丽丝看到笔记本上写着"上"时，她非常确信，如果重复这个实验，实验的结果应该还是"上". 而鲍勃则认为实验结果不是确定的，有 50% 的概率实验结果会是"下". 我们知道鲍勃是对的，而爱丽丝是错的. 爱丽丝错误的根源是波包塌缩假说.

维格纳（Eugene Paul Wigner，1902—1995）在 1961 年提出了一个类似的思想实验[2]，现在被称作维格纳朋友佯谬（Wigner's Friend Paradox）. 在维格纳的思想实验里，维格纳的朋友在隔绝的实验室里做量子物理实验，实验的对象处于一个叠加态 $\alpha|\psi_1\rangle + \beta|\psi_2\rangle$. 量子态 $|\psi_1\rangle$ 和 $|\psi_2\rangle$ 会导致不同的测量结果，让他的朋友产生不同的反应. 用 $|\chi_1\rangle$ 表示对 $|\psi_1\rangle$ 反应；用 $|\chi_2\rangle$ 表示对 $|\psi_2\rangle$ 反应. 维格纳认为，在他的朋友完成观测后，包括他朋友在内的整个实验系统应该由波函数 $\alpha|\psi_1\rangle \otimes |\chi_1\rangle + \beta|\psi_2\rangle \otimes |\chi_2\rangle$ 描述. 但是，维格纳的朋友认为他的测量会导致波函数塌缩，系统应该处于量子态 $|\psi_1\rangle \otimes |\chi_1\rangle$ 或 $|\psi_2\rangle \otimes |\chi_2\rangle$. 维格纳和他的朋友得出了相互矛盾的结果. 在这里维格纳并没有进入实验室.

上面三种不同的分析清楚表明，如果有两个观测者（爱丽丝和鲍勃或者维格纳和他朋友），波包塌缩假说会导致逻辑上的矛盾. 尽管有这个先天的缺陷，波包塌缩假说依然非常流行，绝大多数的量子力学教科书依然采用这个观点，大多数物理学家仍用它来理解理论结果和解释实验现象. 正如我们前面看

---

[2] Wigner E P. Remarks on the Mind-Body Question//Good I J. The Scientist Speculates. Heinemann, 1961. 由于当时埃弗里特和维格纳都在普林斯顿，他们可能私下讨论过. 现在没有明确的证据显示究竟是谁先提出了这个思想实验，唯一明确的是，埃弗里特的研究更早正式发表.

到的，波包塌缩可以简单明了地解释施特恩-格拉赫实验的结果. 作者本人虽然不认可波包塌缩假说，但在思考和讨论中经常用波包塌缩，绝大多数情况下不会有矛盾出现，因为我们思考时常常不自觉地把自己当作唯一的观察者.

如果波包塌缩假说不对，那我们该如何描述测量对量子态的影响？物理学家仍然没有完全解决这个问题. 在下一节，我们将介绍埃弗里特的理论. 一个优秀的物理学家在发现旧理论漏洞的时候，一定会提出一个新的理论去替代旧理论. 埃弗里特就是这样一个优秀的物理学家，他的理论叫多世界理论.

8.3　多世界理论和薛定谔猫

量子世界是非常神奇的，和我们的日常经验大相径庭. 一个很自然的问题是，为什么我们在日常生活中碰不到这些神奇的量子现象？一个普遍接受的答案是，在宏观世界里普朗克常数相对太小，它带来的量子效应可以忽略不计. 这确实能回答不少具体的问题. 按照量子力学，光是由一个一个的光子构成的，每个光子的能量是 $h\nu$. 但是日常生活中的光似乎是连续的，我们感觉不到一个一个的光子. 原因有两方面：（1）由于普朗克常数 h 很小，每个光子的能量很小；（2）普通的光是由大量光子构成. 这两个因素结合在一起，给人造成的印象就是光是连续的. 这和水非常类似：水是由很多个水分子组成的，每个水分子很小，所以我们都觉得水是连续的. 形成鲜明对比的是沙滩，它虽然由很多个沙粒组成，但由于沙粒很大，它还是离散的.

按照海森堡不确定性关系，一个粒子不能同时具有确定的动量和位置. 但我们平时并没有感受到这个量子效应，原因也是普朗克常数相对太小. 日常生活中的物体大致以 $1 \sim 100$ m/s 的速度运动，对这些速度，人眼的分辨率大约是 0.01 m/s. 假设物体质量大约为 1 g，动量的不确定度是 $\Delta p \sim 10^{-5}$ kg·m/s. 人眼对位置的分辨率大约是 0.1 mm. 所以对于人眼，我们大致有

$\Delta p \Delta x \sim 10^{-9}$ J·s, 这比普朗克常数 $6.62607004 \times 10^{-34}$ J·s 大了大约 24 个数量级. 这就是说由于人眼的分辨率有限, 我们在日常生活中会认为任何一个物体都同时有确定的位置和动量, 完全感受不到和海森堡不确定性关系相关的量子效应.

但是有些量子效应或现象, 比如态叠加原理和量子纠缠, 和普朗克常数的大小完全无关. 态叠加原理源于量子力学的两个基本因素: 希尔伯特空间和薛定谔方程. 希尔伯特空间是一个线性空间, 所以其中的任意两个向量相加依然是空间中的一个向量. 这意味着, 任意两个量子态叠加依然是一个合理的量子态. 薛定谔方程是线性的, 所以薛定谔方程两个解的线性叠加依然是该方程的一个解. 前者和普朗克常数完全没有关系; 后者似乎有, 因为薛定谔方程里含有普朗克常数. 但是无论普朗克常数多大多小, 薛定谔方程都是线性的. 综合起来, 我们就得到了一个有趣而深刻的结论: 态叠加原理与普朗克常数无关. 由于态叠加原理, 在干涉现象里, 单个电子能同时通过两条缝. 既然态叠加原理和普朗克常数无关, 为什么我们平时完全不可能同时走两条路去上班呢?

量子纠缠也和普朗克常数无关. 让我们以双自旋体系为例回顾一下量子纠缠的来源. 自旋 1 的希尔伯特空间是 V_1, 自旋 2 的希尔伯特空间是 V_2, 复合体系双自旋的希尔伯特空间 V 是它们的直积 $V = V_1 \otimes V_2$. V 的维数是 4, 有四个正交归一基 $|uu\rangle$, $|ud\rangle$, $|du\rangle$, $|dd\rangle$. 利用这四个基我们就可以构造出纠缠态, 比如自旋单态 $|S\rangle$. 在整个过程中, 普朗克常数完全不出现. 对于由多个粒子组成的量子复合体系, 它们的希尔伯特空间是体系中各个粒子希尔伯特空间的直积. 这是量子纠缠的源头, 和普朗克常数毫无关系. 令人困惑的是, 我们从来也没有亲身经历过量子纠缠现象: 日常生活中的每个物体都有它自己确定的位置和动量, 从来也不会缺失自我.

每个宏观物体都是由微观粒子——原子和分子组成的. 为什么原子和分

子会干涉、会纠缠，而由它们组成的足球、水杯却不会？这些问题完全无法用普朗克常数很小来解释，因为干涉和纠缠都和普朗克常数无关. 对这些问题最流行的解答是以波包塌缩假说为核心的哥本哈根理论[3].

哥本哈根理论直截了当地认定我们生活的宏观世界就是经典的，这里观察不到任何量子现象. 当宏观测量仪器和被测量的量子体系相互作用时，仪器和量子系统的相互作用会导致波包塌缩，波包塌缩会很自然地消除宏观和微观混合系统中的线性叠加（或干涉）和纠缠. 这可以从 (8.23) 式清楚看到：该式左边是一个线性叠加量子态，描述了鲍勃（宏观）和自旋（微观）间的纠缠；该式右边则只有一个分量，没有叠加，而且是一个直积态，没有纠缠.

哥本哈根理论的优点是简单、直接，和现在观察到的实验现象完全吻合. 它的缺点是含糊不清和粗暴. 对于为什么宏观物体是经典的，哥本哈根理论没有任何解释，只有一个武断和粗暴的声明. 哥本哈根理论也没有给出宏观系统和微观系统的具体界线. 一个铜原子是微观系统，我们要用量子力学来描述它的微观运动. 两个铜原子也是微观的，我们要用量子力学. 描述十个铜原子，我们还是要用量子力学. 那么一千个铜原子呢？一万个铜原子呢？它们是宏观还是微观，用量子力学描述还是经典力学描述？答案变得不再清晰. 但对于一个由大约 10^{23} 个铜原子组成的小铜球，我们又再一次有了个清晰的答案：如果把铜球扔出去，我们可以用经典力学来精确描述铜球的飞行轨迹. 在需要用量子力学描述的单个铜原子和一个用经典力学描述的铜球之间，我们完全不清楚应该把量子和经典的界线划在哪里. 这就是哥本哈根理论的内伤，这个内伤其实比上面描述的还要严重. 尽管小铜球按照任何标准看都应该是一个宏观物体，但并不是它的所有性质都可以用经典力学来理解. 凝聚态物理学家会告

---

③　哥本哈根理论其实是一个完整的量子力学理论框架，它的具体内容包括我们在第五章介绍的量子力学的基本原则，其中绝大部分内容没有任何争议. 我们这里只讨论它有争议的部分：（1）经典世界和量子世界的区分；（2）波包塌缩.

诉你，如果想描述和解释小铜球的导电性，还是要用量子力学. 凝聚态物理是一门解释材料性质的物理学科，比如为什么有些材料会导电、有些材料不会导电，有些材料很硬、有些材料很脆. 为什么要用量子力学才能解释铜球的导电性？因为电子质量很轻，以至于它的费米温度远远高于室温. 什么是费米温度？为什么只需要考虑电子而不需要考虑铜原子核？如果你对这些问题感兴趣，请参考凝聚态物理方面的书籍，回答这些问题超越了本书的范围. 我推荐黄昆的《固体物理学》.

哥本哈根理论的另外一部分——波包塌缩假说，同样粗暴和含糊不清：波包塌缩的过程不但无法用数学描述，而且还会导致逻辑上的矛盾. 对于后者我们在前面有详细分析.

一直以来就有人质疑模糊不清和粗暴的哥本哈根理论，并提出了很多新的理论. 多世界理论就是其中之一. 我认为它是迄今为止最好的、最自洽的对量子力学的诠释. 多世界理论能自然地解释为什么日常生活中没有量子叠加和纠缠.

1957 年埃弗里特（Hugh Everett III, 1930—1982）（见图 8.3）在他的博士论文里提出了量子力学的多世界理论，彻底消除了哥本哈根理论的两个缺陷：（1）内在逻辑的不自洽；（2）模糊的量子–经典界线. 埃弗里特是一个悲剧性的英雄. 他 1953 年毕业于一所没有名气的大学，专业是化学工程. 埃弗里特随后来到普林斯顿大学攻读博士学位，一开始研究数学，后来兴趣转到物理，师从著名物理学家惠勒（John Archibald Wheeler, 1911—2008）. 埃弗里特在 1956 年完成了博士论文，题目是"宇宙波函数理论"（The Theory of the Universal Wave Function），1957 年进行了论文答辩. 以后他再也没有发表过物理学方面的论文.

埃弗里特在他的博士论文里提出了多世界理论. 他的导师惠勒虽然不赞同

图 8.3　埃弗里特（1930 — 1982）

他的理论，但依然做了非常积极的推荐. 尽管如此，埃弗里特的成果并没有很快得到承认. 他在 1957 年在普林斯顿进行了博士论文答辩后就离开了物理学界，在美国国防部从事技术工作，后来创办过几个公司. 1959 年在导师惠勒的帮助下，埃弗里特访问了哥本哈根，当面向玻尔解释了自己的理论. 这时候的玻尔已经完全不能接受年轻人的新思想，埃弗里特的理论被玻尔和他的门徒当作"异端邪说". 但是有价值的理论总是有着顽强的生命力. 在 20 世纪 70 年代，物理学家德威特（Bryce DeWitt, 1923 — 2004）重新向物理学界介绍了埃弗里特的理论，并把它称为多世界理论[④]. 现在多世界理论正被越来越多的物理学家接受，甚至出现在科幻小说里. 埃弗里特由于不注意自己的健康，51 岁时死于心脏病发作.

　　埃弗里特的博士论文很长，有 100 多页，而且充满了数学公式. 埃弗里特用这些数学公式来严格论证自己的理论和已有的量子力学理论框架（波包塌缩除外）是一致的，同时指出量子力学完全可以不借助任何经典概念自成一体并和我们的日常经验一致. 埃弗里特的博士论文中没有用纠缠

---

　　④　注意：埃弗里特本人并没有把他的理论叫作多世界理论.

（entanglement）这个词，但实际上到处都是纠缠，只是他把纠缠叫作正则关联（canonical correlation）. 我们现在以薛定谔猫为例来简单介绍埃弗里特的多世界理论.

考虑一个和外界完全隔绝的实验室，里面有一个聪明的会做施特恩-格拉赫实验的猫，另外检测屏下方有一个机关和一瓶毒气（见图 8.4）. 如果银原子飞到屏幕下方就会触发机关并释放出瓶中的毒气. 猫从粒子源释放一个处于自旋态 $|f\rangle = (|u\rangle + |d\rangle)/\sqrt{2}$ 的银原子. 在这个银原子碰到检测屏之前，实验室的状态可以用下面这个量子态描述：

$$|\Phi_0\rangle = \frac{1}{\sqrt{2}}(|u\rangle + |d\rangle) \otimes |\text{live cat}\rangle. \tag{8.24}$$

当银原子碰到检测屏，可能会有两个结果：如果银原子飞到检查屏上方，没有额外的事情会发生，猫仍然是活的；如果银原子飞到检查屏下方，它会触发机关释放出毒气，猫被毒死. 按照埃弗里特的理论，这时候银原子和猫发生了纠缠，实验室的状态变成了

$$|\Phi_1\rangle = \frac{1}{\sqrt{2}}\Big(|u\rangle \otimes |\text{live cat}\rangle + |d\rangle \otimes |\text{dead cat}\rangle\Big). \tag{8.25}$$

这个波函数的两个分量代表了两个平行的世界：一个世界里猫还活着；另一个世界里猫已经死了（见图 8.4）. 这两个世界同样真实，并行存在. 但一定要注意，图 8.4 下方描绘的是同一个系统，即实验室的两个状态，并不是一只活猫分身变成了两只猫，一只活的、一只死的. 就像 $|f\rangle = (|u\rangle + |d\rangle)/\sqrt{2}$ 描述的是一个银原子具有两个状态：一个自旋向上、一个自旋向下，而不是两个银原子.

多世界理论认为测量是一个在测量者和量子系统间产生纠缠的过程，而且纠缠波函数的每个分量都是真实存在的. (8.25) 式里的波函数表示猫和自旋之间发生了纠缠. 它的两个分量各代表一个实实在在的世界：一个世界里猫是活的；另一个世界里猫是死的.

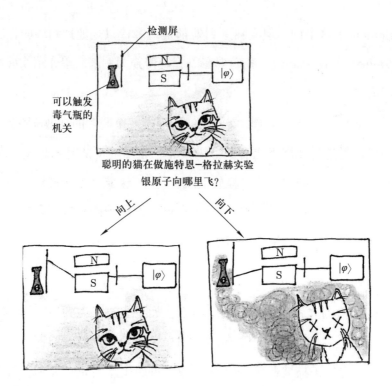

图 8.4　薛定谔猫的多世界理论. 聪明的猫在做施特恩–格拉赫实验：如果银原子飞向下方，它会触发一个机关打破装有毒气的瓶子. 实验结束后会出现两个世界：一个世界里猫是活的；另一个世界里猫是死的. 注意，这里自始至终只有一只猫：实验前猫只有一个状态——活；实验后猫有了两个状态——活或死

　　图 8.2 中的思想实验揭示了波包塌缩假说不能自洽地处理有两个观测者的情况. 让我们从多世界理论的角度重新审视这个思想实验. 我们将会发现，多世界理论不会导致逻辑上的矛盾. 对于这个实验，初始时刻系统的状态是

$$|\Psi_0\rangle = \frac{1}{\sqrt{2}}(|u\rangle + |d\rangle) \otimes |B^0\rangle \otimes |A^0\rangle, \qquad (8.26)$$

这里 $|A^0\rangle$ 和 $|B^0\rangle$ 分别表示实验员爱丽丝和鲍勃的初始状态：由于银原子还没有飞到检测屏，他们都对结果一无所知. 鲍勃完成实验后，系统变成了

$$|\Psi_1\rangle = \frac{1}{\sqrt{2}}\big[|u\rangle \otimes |B^u\rangle + |d\rangle \otimes |B^d\rangle\big] \otimes |A^0\rangle. \qquad (8.27)$$

类似于薛定谔猫和银原子发生了纠缠，在这里鲍勃和银原子发生了纠缠. $|B^u\rangle$

表示鲍勃看到了银原子飞到上方；$|B^d\rangle$ 表示鲍勃看到了银原子飞到下方. 一天后，实验员爱丽丝打开实验室的门，她看到了实验结果，于是和银原子及鲍勃发生纠缠，系统状态变成

$$|\Psi_2\rangle = \frac{1}{\sqrt{2}}\left[|u\rangle \otimes |B^u\rangle \otimes |A^u\rangle + |d\rangle \otimes |B^d\rangle \otimes |A^d\rangle\right]. \tag{8.28}$$

这里 $|A^u\rangle$ 和 $|A^d\rangle$ 分别表示爱丽丝的两个状态：看到"上"的爱丽丝和看到"下"的爱丽丝.

前面我们已经指出，用波包塌缩理论来解释这个实验会导致逻辑上的矛盾. 很显然，埃弗里特的多世界理论不会导致任何矛盾. 爱丽丝和鲍勃都认为鲍勃是在一天前记录测量结果的. 在爱丽丝打开门以前，有两个平行世界：一个世界里鲍勃记录了"上"；另一个世界里鲍勃记录了"下". 爱丽丝同时生活在这两个世界里，只是她的状态在这两个世界里是一样的. 打开门之后，依然是两个世界，但是爱丽丝在这两个世界里的状态不一样了：一个世界里她看到鲍勃记录本上写着"上"；另一个世界里她看到鲍勃记录本上写着"下". 埃弗里特的多世界理论不会导致逻辑上的矛盾. 迄今为止没有人能设计出一个思想实验，在那里多世界理论会导致矛盾的结果.

在埃弗里特的理论里，自然界不再有量子世界和经典世界的区分，所有的系统都是量子的：银原子是量子的，检测屏是量子的，猫是量子的，实验员也是量子的. 无论多大多小，不同系统之间都可以发生纠缠，任何系统都可以处于叠加态. 不同的叠加态只是不同的平行世界.

在第六章，我们曾详细讨论了图 6.4(a) 中的波函数. 这些波函数弥散在整个盒子中，表明小球可以同时在盒子的左边和右边. 但是在日常生活中，我们从来没有看到足球会同时出现在左半场和右半场. 为什么？波包塌缩提供了一个直截了当的解释，足球是宏观的经典物体，不会有量子效应. 这个粗暴的解释实在难以令人信服. 多世界理论的解释显然更"委婉"和更合理. 按照多

世界理论，足球也是量子的，整个世界也是量子的，所以存在以下量子态：

$$|\Psi_{\text{Univ}}^0\rangle = \frac{1}{\sqrt{2}}(|\text{L}\rangle + |\text{R}\rangle) \otimes |\Psi_{\text{Env}}\rangle, \tag{8.29}$$

其中 $|\text{L}\rangle$ 描述在左半场的足球，$|\text{R}\rangle$ 描述在右半场的足球，而 $|\Psi_{\text{Env}}\rangle$ 描述足球之外的所有其他物体. 上面这个波函数表示足球同时在左半场和右半场，但是其他物体没有感觉到任何区别. 这样的量子态即使想方设法制备出来了，也只能维持很短很短的时间. 足球在左边和右边有很大的区别. 如果甲队的球门在左边，球在左边时，甲队肯定感到防守压力大；球在右边时，甲队肯定感到防守压力小多了. 压力大、压力小显然是两个不同的状态. 即使没有人，球场上的草坪也会感觉到区别：球在左边时，左边的某些草会被压弯；球在右边时，右边的某些草会被压弯. 无论怎样，由于足球很大，足球出现在空间不同点，环境很快会感觉到不同，从而发生纠缠，于是上面的波函数会在极短的时间内变成

$$|\Psi_{\text{Univ}}\rangle = \frac{1}{\sqrt{2}}(|\text{L}\rangle \otimes |\Psi_{\text{Env,L}}\rangle + |\text{R}\rangle \otimes |\Psi_{\text{Env,R}}\rangle). \tag{8.30}$$

世界随即一分为二：一个世界里我们看到足球在左边；另一个世界里我们看到足球在右边. 足球确实同时在左边和右边，但你感觉不到. 氢原子里的电子，由于局限在空间很小的范围内，和足球的命运非常不一样. 假设氢原子处于基态，那么整个系统的波函数可以写成

$$|\Phi_{\text{Univ}}^0\rangle = |\phi_{\text{s}}\rangle \otimes |\Phi_{\text{Env}}\rangle, \tag{8.31}$$

其中 $|\phi_{\text{s}}\rangle$ 是氢原子基态波函数，$|\Psi_{\text{Env}}\rangle$ 描述氢原子之外的所有其他物体. 根据图 6.5，波函数 $|\phi_{\text{s}}\rangle$ 弥散在空间：电子可以同时存在于质子的各个方向. 但是由于 $|\phi_{\text{s}}\rangle$ 弥散在一个很小的空间范围（半径大约只有 0.53×10^{-10} m），电子无论在质子左边还是右边，都不会对其他物体带来不同的影响. 或者等价地，我们可以说环境中几乎没有任何东西能感觉电子在左边或右边的区别. 比

如，我们把一束可见光打到这个氢原子上. 由于可见光的波长是几百纳米，远远大于 0.53×10^{-10} m，它完全无法区分电子的位置. 当然，可见光可能激发这个氢原子，将它激发到 p 轨道. 如果激发了，环境中少了一个光子，发生了变化，所以这时整个波函数会变成

$$|\Phi_{\mathrm{Univ}}\rangle = c_1|\phi_{\mathrm{s}}\rangle \otimes |\Phi_{\mathrm{Env}}, \mathrm{s}\rangle + c_2|\phi_{\mathrm{p}}\rangle \otimes |\Phi_{\mathrm{Env}}, \mathrm{p}\rangle, \tag{8.32}$$

其中 $|c_2|^2$ 是激发的概率，$|\phi_{\mathrm{p}}\rangle$ 是氢原子 p 轨道波函数. 世界也一分为二：一个世界里氢原子处于基态；一个世界里氢原子处于激发态. 但是无论哪个世界，你都不知道氢原子中电子的具体位置，因为无论波函数 $|\phi_{\mathrm{s}}\rangle$ 还是 $|\phi_{\mathrm{p}}\rangle$ 都是弥散在空间的（见图 6.5）. 值得注意的是，很多情况下 "环境" 并不在意光子数少一个多一个，这时氢原子和环境的整体波函数具有如下形式：

$$|\tilde{\Phi}_{\mathrm{Univ}}\rangle = (c_1|\phi_{\mathrm{s}}\rangle + c_2|\phi_{\mathrm{p}}\rangle) \otimes |\Phi_{\mathrm{Env}}\rangle, \tag{8.33}$$

我们说这时氢原子处于 s 态和 p 态的相干叠加. 详细讨论 (8.32) 和 (8.33) 式的区别超越了本书的范围.

按照埃弗里特的理论，你是可以同时在办公室上班和家里休息的. 你只需要在办公室里做一个施特恩-格拉赫实验：如果银原子向上飞，你就留着办公室工作；如果银原子向下飞，你就回家休息. 实验结束后，你就可以同时在办公室上班和家里休息了. 只不过它们发生在不同的世界里，没有任何人会感觉到，包括你自己.

现在很清楚了，宏观世界其实也有叠加和纠缠态，但我们感觉不到. 我们只能感觉到一个平行世界，在一个平行世界，没有叠加和纠缠态. 比如，(8.28) 式中的第一分量代表一个平行世界，这个量子态没有叠加而且是一个直积态. 德威特曾经写信问埃弗里特："为什么我感觉不到平行世界？" 埃弗里特回答："你能感觉到地球自转吗？" 德威特于是放弃了自己对多世界理论的最后一点保留意见，成了多世界理论的最大支持者和推动者.

　　日常生活中没有单个的电子或自旋，所以大家比较容易接受一个电子可以同时从两条缝穿过，一个自旋可以同时向上和向下. 这和大多数人对鬼神的认知心理类似：日常生活中没有鬼神，所以无论神话故事里鬼神的能力和行为是多么不可思议，很多人会半信半疑地接受这些鬼神的存在. 但是你说一只普通的猫可以同时是活的和死的，这怎么可能？我们对猫太熟悉了：活猫和死猫一定是两只不同的猫，同一只猫要么是活的，要么是死的，不可能同时活和死. 如果这是你觉得多世界理论难以接受的理由，那么这个理由其实是心理的，不是基于逻辑和科学.

　　波包塌缩假说是一个味如嚼蜡的理论. 多世界理论则让人遐想和深思：另一个平行世界里的我在干什么？活猫和死猫是同一只猫的两个状态，但死活这两个状态处于同一个时空吗？时空是否可以叠加？可以预见多世界理论会引导物理学家对量子和时空进行更深刻的思考和研究，并最终彻底解决关于量子测量及相关问题的争论，甚至能最终统一量子理论和引力.

　　多世界理论很自然地兼容了人的自由意志和物理规律的决定性. 在第三章，我们介绍了经典力学和量子力学的一个本质区别. 在经典力学里，一旦初始条件给定，粒子今后的运动就完全确定了；在量子力学中，测量结果是随机的，一个量子粒子在运动过程中总是不可避免地和外界相互作用，被测量，所以一个量子粒子的未来是不确定的，由于组成自然世界的微观粒子是由量子力学描述的，我们可以很自然地推广这种不确定性，认为我们每个人和社会的未来是不确定的，微观世界的某个随机事件可能随时改变你我他此刻的想法和行动，从而影响未来的发展. 这等价于说，我们每个人有自由意志. 但是某个物理学家可能会这样反驳你：薛定谔方程其实也是决定性的，一旦初始波函数给定，未来波函数如何演化是完全确定的，随机只是发生在测量的时候. 所以，如果整个宇宙是由一个巨大的波函数描述，那么这个宇宙的波函数就会按照薛定谔方程⑤确定地演化下去，宇宙的未来是完全确定了的，因为宇宙以外没有人和其他物体，不会有人或其他物体来观测宇宙．多世界理论很好地解决了这个困难：虽然整个宇宙波函数是按确定的方式演化，但它包含无穷多个平行的世界，每个人只能感受到一个平行世界，而且不能控制自己去哪个平行世界．多世界理论允许在决定性演化的宇宙中每个人都有自由意志．

埃弗里特的多世界理论已经获得了许多著名物理学家的支持，比如德威特和量子计算理论的创始人之一多伊奇（David Elieser Deutsch）．当然也遭到了一些著名物理学家的反对，比如贝尔．总体情况是，支持者越来越多，一开始支持哥本哈根理论的人可能会改变想法转而支持多世界理论，但多世界理论的支持者却绝不会放弃多世界理论转而支持哥本哈根理论．这是一条单行道．

无论是波包塌缩假说还是多世界理论都涉及了测量对量子系统的影响．按照波包塌缩假说，测量会让量子系统塌缩到某个本征态上；按照多世界理论，测量仪器则会和量子系统发生纠缠．这种影响和前面讨论的海森堡不确定性关系有联系吗？没有．因为海森堡不确定性涉及两种不同的测量，而这里的影响在单种测量里也存在．

我认为埃弗里特是第一个完全而彻底摆脱经典物理桎梏的物理学家．第二章讲述了普朗克、爱因斯坦、玻尔、海森堡、薛定谔等物理学家划时代地创立量子力学的英雄事迹．从 1900 年到 1926 年，他们在冰冷而确凿的实验数据的推动下，利用自己非凡的才能，突破了一个又一个经典物理概念的束缚，创立了颠覆经典物理的量子力学．1926 年以后，物理学家一方面继续发展量子理论，另一方面开始深入思考量子力学的含义以及它和宏观世界的关系．前者的代表性成就是粒子物理和凝聚态物理；后者的代表则是爱因斯坦和玻尔

---

⑤　事实上是按照量子场论里的方程来演化，我们用薛定谔方程只是为了叙述的方便．

关于量子力学的论战，以及关于量子测量的各种争论. 在这些论战和争论中，几乎所有的物理学家都不能完全突破经典物理的桎梏，他们的观点无论有多不同，却有一个共同点：他们都认为若想在逻辑上自洽地构造一个量子理论，经典力学是不可或缺的. 以爱因斯坦为代表的物理学家认为量子力学只是某个经典隐变量理论的近似. 以玻尔和海森堡为代表的哥本哈根学派则认为，测量仪器必须是经典的. 冯·诺依曼和维格纳甚至更进一步，他们认为人的意识在测量中扮演了决定性的作用. 维格纳提的那个思想实验的原意并不是为了批评哥本哈根理论，而是为了说明意识在测量中的重要性. 德布罗意则发展了一套导波（pilot wave）理论，这个理论被玻姆（David Bohm，1917—1992）等发展成玻姆力学（Bohmian mechanics）. 该理论试图以经典物理的方式重新解释量子力学. 最后，埃弗里特勇敢地站了出来，在他的博士论文中宣布：量子力学本身就是一个自洽的理论，完全不需要经典力学. 需要解释的不是量子力学，而是经典力学. 利用量子力学，我们完全可以解释为什么宏观世界里没有态叠加和纠缠等量子现象. 埃弗里特是一个勇敢的思考者，他在人类历史上首次完全跳出了经典物理的框架，会被历史永远铭记！

8.4   费曼的疏忽

在第六章我们讨论了电子的双缝干涉. 在实验中，电子束经过双缝的衍射最后到达检测屏形成干涉条纹. 包括爱因斯坦在内的很多著名的物理学家都深刻思考过双缝干涉实验，因为这个简单的实验揭示了量子力学神秘的态叠加原理：单个粒子可以像波一样同时处于两个不同的位置. 在这里我们讨论如何通过量子测量来让干涉消失. 这些讨论将进一步帮助我们深入理解量子测量.

费曼（Richard Phillips Feynman, 1918—1988）在他著名的《费曼物理讲义》（*The Feynman Lectures on Physics*）第一卷讨论了如何让双缝干涉效

应消失. 我们先回顾一下费曼的精彩讨论. 费曼对双缝干涉实验进行了一个小的改动: 在双缝板后面放一个光源 (见图 8.5). 光源会持续发出光子, 当有电子从旁边经过时, 光子和电子发生散射. 在实验上可以探测光子和电子间的散射, 判断散射是在什么地方发生的. 所以利用这个光源, 我们可以确定电子究竟是从缝 s_1 穿过还是从缝 s_2 穿过. 当然实验必须做得非常小心, 应该尽量减小散射对电子动量的改变. 我们把这些细节留给实验物理学家处理. 在下面的讨论中, 我们简单认为光源的唯一的作用就是告诉我们电子从哪个缝穿过, 除此以外没有任何其他影响.

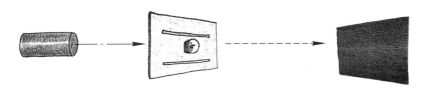

图 8.5 费曼的双缝干涉实验. 双缝板后的灯泡示意地表示一个光源, 它可以分辨电子是从哪个缝经过的, 这会导致干涉现象的消失

减小电子束的强度以保证每次只有一个电子穿过双缝板. 和前面一样 (见图 6.8), 为了简单, 我们只关注探测器 d_5 探测到的电子. 每当在 d_5 探测到一个电子时, 由于光源的存在, 我们就可以知道电子是从哪条缝传过来的. 这样我们就可以将 d_5 探测到的电子分为甲乙两组: 甲组的电子是从缝 s_1 穿过的, 乙组的电子是从缝 s_2 穿过的. 如果所有探测器总共探测到 N 个电子, 那么在甲组里大约会有 $N|a_5|^2/2$ 个电子, 在乙组里大约会有 $N|b_5|^2/2$ 个电子. 由于对称, $a_5 = b_5$, 这样 d_5 上探测的电子数大约是 $N|a_5|^2$. 如果没有光源, 按照第六章的讨论, d_5 上探测的电子数大约是 $2N|a_5|^2$. 当我们有能力确定电子从哪条缝穿过时, 干涉效应神奇地消失了.

费曼继续精彩而生动地讨论了干涉消失的原因, 他的结论是光源的光子对电子造成了不可忽略的扰动, 这个扰动导致了干涉效应的消失. 费曼认为光子和电子碰撞时对电子动量的扰动会影响干涉，这个扰动的大小大致是光子的动量 $\hbar k$（$k = 2\pi/\lambda$）. 为了减小这个影响，我们必须用波长 λ 很长的光子. 但是如果波长 λ 很长以至于大于两条缝间的距离，这时光子将无法分辨电子是从哪条缝通过的，干涉效应将不会消失. 费曼最后的结论是："有效"的测量带来的扰动会导致干涉效应消失；如果测量太"温柔"，带来的扰动则太小，不会影响干涉效应. 费曼的这个分析很容易让人想起海森堡对图 8.1 的分析，它们在物理上确实是等价的. 费曼的分析相当误导人：他的分析似乎表明，为了消除干涉效应我们必须有效扰动电子的动量. 事实不是这样. 下面我们讨论另外一个改造过的双缝干涉实验，在这个实验里我们完全没有扰动粒子的动量，但干涉效应依然消失了.

我们对双缝干涉实验的关键改造是嵌入施特恩–格拉赫的非均匀磁场（见图 8.6）. 另外，为了避免洛伦兹力，将电子换成不带电荷的中子. 中子束中每个中子的自旋态都是 $|f\rangle = (|u\rangle + |d\rangle)/\sqrt{2}$. 中子流在经过非均匀磁场后会分为上下两束，我们适当调整双缝板的位置和双缝间的距离，使这两束中子正好分别通过双缝. 还会有干涉条纹吗？答案是，没有. 我们来看看为什么.

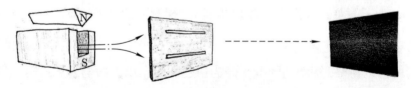

图 8.6　施特恩–格拉赫双缝干涉实验. 处于给定自旋态的中子束经过非均匀磁场后分为两束，它们分别经过双缝板的两条缝. 虽然每个中子从哪条缝通过依然不确定，干涉现象还是消失了. 用中子替换前面的电子是为了避免洛伦兹力. 没有磁场时，中子束和电子束一样也会发生双缝干涉，在屏幕上产生干涉条纹

从中子源到双缝板，这个演化可以描述成

$$|\psi_0\rangle \otimes \frac{1}{\sqrt{2}}(|u\rangle + |d\rangle) \longrightarrow |\psi_1\rangle \otimes |u\rangle + |\psi_2\rangle \otimes |d\rangle, \tag{8.34}$$

这里的 $|\psi_0\rangle, |\psi_1\rangle, |\psi_2\rangle$ 和（6.36），（6.37），（6.38）式里的波函数类似，分别表

示双缝前中子的波函数和到达双缝时中子的波函数. 箭头右侧的这个式子反映的是这样的事实：通过缝 s_1 的中子自旋向上而通过缝 s_2 的中子自旋向下. 也就是说，中子的空间位置和它的自旋纠缠起来了. 第六章的双缝干涉里没有这种纠缠（见图 6.8）. 这是最关键的区别. 双缝以后的演化和前述双缝干涉类似，我们直接写下到达探测器时的波函数：

$$|\psi_1\rangle \otimes |u\rangle + |\psi_2\rangle \otimes |d\rangle \longrightarrow \sum_{j=1}^{9} \left[a_j |d_j\rangle \otimes |u\rangle + b_j |d_j\rangle \otimes |d\rangle \right]. \qquad (8.35)$$

在探测器 d_j 处的概率是

$$(\langle u|a_j^* + \langle d|b_j^*)(a_j|u\rangle + b_j|d\rangle)$$
$$= |a_j|^2 + |b_j|^2 + a_j^* b_j \langle u|d\rangle + a_j b_j^* \langle d|u\rangle = |a_j|^2 + |b_j|^2. \qquad (8.36)$$

由于自旋态的正交，$\langle u|d\rangle = \langle d|u\rangle = 0$，干涉项 $a_j^* b_j$ 和 $a_j b_j^*$ 消失了. 所以，和图 6.8 中的双缝干涉实验不一样，在嵌入施特恩–格拉赫磁场的双缝干涉实验里，我们观测不到干涉条纹.

在这个干涉实验里，我们并没有去测量单个中子的位置，所以完全没有扰动中子的动量，但是干涉条纹还是消失了. 难道伟大的费曼错了吗？严格讲，不能说费曼错了，但我们可以肯定地说费曼的分析没有抓住问题的实质，费曼疏忽了. 我认为费曼的疏忽体现在两个层次. 首先，技术上，费曼的分析是有漏洞的：为了分辨中子从哪条缝通过，我们可以不扰动它的动量. 比如，我们可以进一步改进图 8.6 中的干涉实验，增加探测器功能，让它们能探测中子沿 z 方向的自旋. 如果探测到自旋向上，中子就是从缝 s_1 穿过来的；如果探测到自旋向下，中子就是从缝 s_2 穿过来的. 这样，我们在没有扰动中子动量的情况下探测到了中子是从哪条缝通过的. 费曼显然没有注意到这种可能. 据我了解，以前似乎没有人结合施特恩–格拉赫磁场来讨论双缝干涉实验. 但类似的实验并不难构造. 例如，用光可以完成类似的双缝干涉实验. 用特殊的晶体，比如方解石将一束激光分为两束：一束水平偏振，一束垂直偏振（参见第十章的图 10.1），然后让它们分别经过双缝板的两条缝，干涉条纹同样会消失. 费曼有些疏忽了，没有看到这种可能. 其次，在概念方面，费曼对测量的理解太狭窄了，他没有看出测量和纠缠间的密切关系.

量子测量的本质是测量仪器和被测物体之间的量子纠缠，是一个很自然的物理过程，不一定需要人的参与，测量仪器也不一定是宏观的. 我们用前面的双缝干涉实验来具体阐述这些观点.

在施特恩–格拉赫双缝实验中，中子在穿过双缝板时，它的空间自由度和自旋自由度之间发生了纠缠. 这个纠缠态由以下公式描述：

$$|\psi_1\rangle \otimes |u\rangle + |\psi_2\rangle \otimes |d\rangle, \tag{8.37}$$

即公式 (8.34) 的右侧. 这个纠缠实质上是一个量子测量：被观测的是中子的位置，测量仪器是中子的自旋. 在这个测量过程中，向上飞行的中子被贴上了一个标签 $|u\rangle$，自旋向上；而向下飞行的中子被贴上了另一个标签 $|d\rangle$，自旋向下. 由于这个 "测量"，干涉条纹消失了. 需要强调的是，在这个量子测量里，测量仪器是中子的自旋，从任何角度看也不是宏观和经典的，同时也不需要实验员去做任何记录.

最后让我们从纠缠的角度来看一下费曼的双缝干涉实验. 费曼已经解释了，在他的双缝干涉实验里，存在一个测量过程：通过光被电子的散射，我们可以知道电子从哪个缝穿过. 这个测量最后导致了干涉效应的消失. 这个测量实质是电子和被散射光子的纠缠. 如果我们用 |top photon⟩ 表示被上方电子散射的光子，|bottom photon⟩ 表示被下方电子散射的光子，电子和光子的纠缠态可以写成

$$|\psi_1\rangle \otimes |\text{top photon}\rangle + |\psi_2\rangle \otimes |\text{bottom photon}\rangle. \tag{8.38}$$

这个纠缠态刻画了费曼说的测量, 会导致干涉的消失. 如果光子的波长 λ 太长, 这时光子将无法分辨电子从哪条缝通过, 上面的公式应该改为

$$(|\psi_1\rangle + |\psi_2\rangle)) \otimes |\text{photon}\rangle. \tag{8.39}$$

这是一个直积态, 电子和光子的空间位置没有发生纠缠, 测量无效, 干涉条纹不会消失.

总之, 量子测量的本质是纠缠. 测量仪器可以是微观的, 测量过程中完全可以没有任何能被人识别的测量记录. 这和波包塌缩假说形成鲜明的对比. 在波包塌缩假说里, 测量仪器一定是宏观的, 测量结果一定有宏观记录. 这些都是不必要的. 在前面的讨论中, 我们看到中子的自旋不但可以担当测量仪器的角色, 而且它对测量结果的记录是微观的, 不能被人识别.

基于这个认识, 回顾一下施特恩-格拉赫实验 (见图 5.1) 会非常有趣. 施特恩-格拉赫实验是在测银原子的自旋, 这个测量也是通过纠缠完成的, 而且这个纠缠和图 8.6 中的双缝干涉实验是一样的, 即

$$|\psi_1\rangle \otimes |u\rangle + |\psi_2\rangle \otimes |d\rangle. \tag{8.40}$$

不同之处在于, 空间和自旋的地位调换了一下: 被测的是自旋, 而标签是空间位置. 自旋向上态 $|u\rangle$ 的标签是 $|\psi_1\rangle$, 它代表向上飞行的银原子, 最后被记录为检测屏上方的斑点; 自旋向上态 $|d\rangle$ 的标签是 $|\psi_2\rangle$, 它代表向下飞行的银原子, 最后被记录为检测屏下方的斑点.

第九章　量　子　计　算

  量子计算机最早是由理论物理学家和数学家在 20 世纪 80 年代初期提出的. 1980 年，美国物理学家贝尼奥夫（Paul A. Benioff）在一篇论文里描述了如何用量子系统来实现经典计算机. 苏联数学家马宁（Yuri Ivanovitch Manin）在 1980 年出版了一本书《可计算和不可计算》①，在书里马宁指出了用经典计算机来计算量子力学问题存在本质的困难（见第 9.5 节）. 在 1981 年，大名鼎鼎的物理学家费曼独立地提出了这个观点，并建议用量子计算机来解决量子力学问题. 1985 年，多伊奇提出了第一个普适但抽象的量子计算机模型——量子图灵计算机. 他们的想法在相当长的一段时间内并没有引起广泛关注，只有很少的人开展了一些跟进的研究.

  1994 年出现了一个里程碑式的突破. 美国物理学家肖尔（Peter Williston Shor）发现，相对于经典计算机，量子计算机可以大幅度提高整数因子分解的速度. 按照专业术语，整数因子分解的量子算法比相应的经典算法有一个指数加快（详细解释请见第 9.4 节）. 肖尔的这个量子算法立刻引起了轰动，并极大促进了量子计算的发展. 整数因子分解这个看似简单的数学问题在计算机科学里却是一个很难的问题：对于一个很大的整数，特别是那种由两个很大的质数相乘得到的整数，经典计算机需要花指数长时间才能把它的质数因子找出来. 基于这个事实，密码学家设计了一套密码协议，现在广泛用于各种商业活动中，比如信用卡交易（详细的介绍请见第十章）. 肖尔的算法表明，如果有一台量子计算机，我们就可以轻松破译这套密码系统，获取商业机密. 肖

---

  ①　似乎只有俄文版，所以我没有看书的原文，这里关于这本书的介绍是二手信息.

尔的算法突破了人们对量子计算机的预期. 当马宁和费曼等人提出量子计算机时, 他们只是希望量子计算机能够帮助科学家解决一些量子力学里的问题. 肖尔的算法向人们展示, 除了量子力学问题, 量子计算机还能更快速地解决熟知的数学问题, 并且让人们清楚地看到了量子计算机的实际应用前景. 在这个发展的推动下, 物理学家终于开始认真思考如何建造实实在在的量子计算机, 而不只是进行理论上的讨论. 很快在 1995 年, 物理学家在实验室里利用囚禁的离子实现了世界上第一个双比特量子逻辑门. 随后物理学家提出了很多很多建造量子计算机的方案, 并建造了几台不超过 100 个量子比特的非常初级的量子计算机. 有一个叫 D-Wave 的公司声称已经造出了有几百个量子比特的量子计算机, 但还没有被科学界广泛认可. 对这些发展的细节有兴趣的读者, 可以参考 wikipedia 网站上的词条 "Timeline of quantum computing".

经过近 40 年的发展, 量子计算已经从一个只有极少数科学家关注的领域发展成为当前物理学界最热门的研究方向, 不但受到了各国政府的高度重视, 而且也得到了许多商业公司的青睐. 美国等世界强国相继宣布了各自在量子信息领域的宏大计划. 谷歌、IBM、微软等跨国公司投入了大量的人力和物力研发量子计算机, 现在中国的一些公司也加入了竞争队伍. 量子计算机也因此经常出现在大众媒体报道里, 紧随纳米、石墨烯, 量子这个物理名词已经成为流行词.

但我认为, 量子计算领域还有很多复杂和艰难的技术问题需要解决, 实用的通用量子计算机的出现离今天至少还有 50 年. 在下面的具体介绍中, 我们试图简要地回答三个问题: 量子计算机是如何工作的? 它到底能比经典计算机强大多少? 为什么建造量子计算机那么难? 在介绍量子计算机之前, 我们先回顾一下经典计算机的基本框架, 并简要解释一下为什么经典计算机在处理量子力学问题时有先天的不足.

9.1 经典计算机

9.1.1 基本框架

在日常生活中我们主要使用十进制来表达数字. 为了抗噪声和少出错, 数字计算机使用二进制, 用电子器件的开和关两个状态来表达二进制里的 0 和 1 这两个数字. 利用下面这个公式我们可以找到任意一个实数 x 的二进制表示 "$\cdots x_n x_{n-1} \cdots x_2 x_1 x_0 . x_{-1} x_{-2} \cdots$":

$$x = \sum_{j=-\infty}^{\infty} x_j 2^j, \tag{9.1}$$

其中 x_j 只能是 0 或 1. 例如: 5 的二进制表示是 101; 15 的二进制表示是 1111; 4.5 的二进制表示是 100.1. 复数可以看作是由两个实数组成的, 所以它也可以用二进制表达. 这表明世界上所有的数都可以用 0 和 1 两个数字表达.

计算机上存储一个数字的单位是比特, 它只有 0 或 1 两个状态. 如果你的计算机有 2 千兆字节 (GB, 1 字节 = 8 比特) 内存, 这大致相当于有 160 亿个比特. 这些比特记录着计算机屏幕上显示的图像和计算机正在播放的声音, 再加上很多你看不到听不到的信息. 在接到你输入的和运行程序发出的指令后, 计算机会根据这些指令对这些比特进行一系列逻辑门操作, 改变这些比特的状态, 比如将某些比特从 1 变成 0, 某些比特从 0 变成 1, 而另外一些比特则保持状态不变. 这些比特状态的变化或体现为屏幕上图像的变化、声音的变化, 或其他一些你无法感知的变化.

在数学课上我们学过很多关于数的操作, 比如大家熟知的加减乘除、前面讨论过的和矩阵相关的计算, 以及微积分等, 种类繁复, 难易不同. 但科学家们发现, 所有这些计算都可以用一些简单的逻辑门组合操作完成. 图 9.1 展示了几个基本逻辑门. 第一个逻辑门叫非门, 它的功能很简单, 就是翻转输入的状态: 如果输入是 1, 输出就是 0; 如果输入是 0, 输出就是 1. 其他逻辑门的功能见表 9.1.

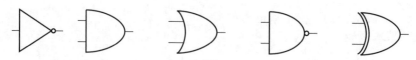

图 9.1   经典计算机里的基本逻辑门. 从左到右依次是非门、与门、或门、与非门和异或门

表 9.1   经典计算机的逻辑门

与门		与非门		或门		异或门	
输入	输出	输入	输出	输入	输出	输入	输出
00	0	00	1	00	0	00	0
01	0	01	1	01	1	01	1
10	0	10	1	10	1	10	1
11	1	11	0	11	1	11	0

我们日常生活中使用的电脑是上面这些简单而抽象的数学概念的物理实现：储存器记录着许许多多的 1 和 0，芯片上则刻蚀着上亿的逻辑门，它们在程序和指令的控制下对储存器上的 1 和 0 进行操作. 电脑上的其他设备则是让你输入指令或输出和展示信息的. 这个现在随处可见的电子设备展示了一个深刻而神奇的事实：颜色、声音、符号，以及它们无法穷尽的组合都可以用 1 和 0 记录下来，而这些 1 和 0 在各种逻辑门的组合操作下又可以进一步演绎出精彩的电影、优美的音乐、深刻的数学定理和令人惊叹的自然规律.

计算机的强大功能都要通过编写程序来实现. 经过几十年的发展，人们现在都先用高级编程语言编写程序，然后再通过编译器把程序转化成机器能理解的逻辑门操作. 为了和后面的量子计算机比较，我们在这里直接用逻辑门编写一个程序，计算两个二进制个位数 x_1, x_2 的和. 我们需要两个比特用作输入，另加两个比特记录输出（见图 9.2）. 在二进制里，x_1 和 x_2 只能取值 0 或 1. 相加以后，除非 $x_1 = x_2 = 1$，两数之和 $x_1 + x_2$ 都依然是个位数，一个比特就可以记录下结果. 当 $x_1 = x_2 = 1$ 时, $x_1 + x_2 = 2.2$ 的二进制表达是 10, 所以需要两个比特来记录结果. 基于这些考虑, 我们设计了一个逻辑门算法来完成这个加法. 这个算法很简单, 只要用与门和异或门就可以完成了, 具体程序见图 9.2.

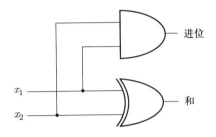

图 9.2 用经典逻辑门实现的两个二进制个位数的加法

9.1.2 不能承受之量子

在 20 世纪 80 年代, 以费曼为代表的许多科学家开始意识到经典计算机在处理量子力学问题时存在先天的不足. 我们来看看这是为什么.

考虑一个一维经典力学体系. 如果这个体系只有一个粒子, 它有 2 个变量, 粒子的位置 x_1 和动量 p_1, 相空间维数是 2. 如果这个体系有两个粒子, 它有 4 个变量, x_1, x_2 和 p_1, p_2, 相空间维数是 4. 如果有三个粒子, 它的变量个数是 6, x_1, x_2, x_3 和 p_1, p_2, p_3, 相空间维数是 6. 以此类推, n 个粒子的体系有 $2n$ 个变量, 相空间维数是 $2n$. 可见, 在经典体系里, 系统的变量个数和相空间维数正比于系统中的粒子数. 假设我们现在要在经典计算机上模拟一个有 100 个粒子的一维经典系统, 这要求我们在计算机上设置 200 个变量. 如果每个变量用 4 个字节 (32 个比特) 表示, 我们需要 800 个字节, 远远低于现代计算机的典型内存容量 (约 10^9 字节).

作为对比, 我们考虑一个量子自旋体系. 单个自旋的希尔伯特空间维数是 2, 双自旋体系的希尔伯特空间维数是 4, 和经典单粒子和双粒子体系的相

空间维数是一样的，似乎预示着三自旋体系的希尔伯特空间维数是 6. 但事实不是这样的，三自旋体系的希尔伯特空间维数是 8. 我们来看看为什么. 根据我们在前面章节的讨论，单个自旋希尔伯特空间的基是 $|u\rangle$ 和 $|d\rangle$. 通过直积，双自旋体系的希尔伯特空间的基有 4 个，它们分别是 $|uu\rangle$，$|ud\rangle$，$|du\rangle$ 和 $|dd\rangle$. 三自旋体系的基同样要通过直积构造，它们有 8 个，分别是

$$|uuu\rangle,\ |uud\rangle,\ |udu\rangle,\ |udd\rangle,\ |duu\rangle,\ |dud\rangle,\ |ddu\rangle,\ |ddd\rangle, \qquad (9.2)$$

所以三自旋体系的希尔伯特空间维数是 8. 以此类推，n 个自旋的希尔伯特空间维数是 2^n. 这就是说，量子体系的希尔伯特空间维数随着体系中自旋（或粒子）数指数增加.

让我们尝试用经典计算机模拟一个有 100 个自旋的体系. 这个体系的希尔伯特空间维数是 2^{100}，其中的向量有 2^{100} 个复数分量. 一个复数由两个实数构成，所以总共的变量个数是 2^{101}. 和经典情况一样，我们用 4 个字节表示一个变量，这样经典计算机的内存至少应该有 2^{103} 个字节，大约相当于 10^{22} 千兆字节，远远大于现在任何计算机的内存容量[②]. 即使在很遥远的未来，我们也没有可能造出具有这么大内存的经典计算机. 所以经典计算机是不可能完全模拟这个具有 100 个自旋的量子体系的. 更糟糕的是，100 个自旋的量子体系并不大，最多只能算一个介观体系. 作为比较，我们看一下碳富勒烯 C_{60}. 由于每个碳原子有 4 个价电子，C_{60} 共有 240 个价电子. 每个电子有一个自旋自由度还有空间自由度，所以 C_{60} 的希尔伯特空间的维数远远超过 100 个自旋的希尔伯特空间的维数. 现在已经很显然，在经典计算机上模拟多体量子系统是非常困难的. 但对于量子计算机，这个困难是不存在的：100 个量子比特自然就张成一个 2^{100} 维的希尔伯特空间，可以用来描述 100 个自旋的量子态. 费曼他们在 20 世纪 80 年代最早意识到了这个经典计算机的困境，揭开了研

---

② 现在超级计算机的内存大约是 10^{15} 字节.

究量子计算机的序幕.

9.2 量子计算机

量子计算机基本原理不复杂：对应经典计算机里的比特和逻辑门，量子计算机里有量子比特和量子逻辑门（简称量子门），它的运行通过量子门对量子比特的操作来完成. 量子比特有两个基本状态 $|0\rangle$ 和 $|1\rangle$，这和比特有两个状态 0 和 1 一样. 量子比特不同的地方是它还可以处于 $|0\rangle$ 和 $|1\rangle$ 的任意线性叠加态

$$|\psi\rangle = a|0\rangle + b|1\rangle. \tag{9.3}$$

前面一直讨论的自旋可以用来实现量子比特：把 $|u\rangle$ 用作 $|0\rangle$，把 $|d\rangle$ 用作 $|1\rangle$.

类似于经典计算机，虽然对量子比特的操作种类繁多，但人们通过研究发现，所有这些操作都可以被分解为几个基本量子门操作的组合. 图 9.3 列出了这些基本量子门. 它们分为两类：只作用在一个量子比特上的单比特量子门（图 9.3(a)）；同时作用在两个量子比特上的双比特量子门（图 9.3(b)）.

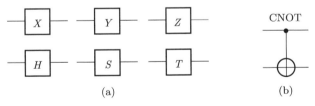

图 9.3　通用量子门. (a) 单比特量子门：第一行，X 门、Y 门、Z 门；第二行，哈达玛（Hadamard）门、相位（phase）门、八分（$\pi/8$）门. (b) 双比特量子门：CNOT 门.

每个单比特量子门的功能都可以用一个 2×2 幺正矩阵表示. 图 9.3(a) 第一行的三个量子门其实对应我们熟悉的泡利矩阵 $\hat{\sigma}_x$, $\hat{\sigma}_y$, $\hat{\sigma}_z$. 第二行的三个量子门依次是哈达玛（Hadamard）门、相位（phase）门、八分（$\pi/8$）门. 它

们对应的矩阵分别是（自本章起，为简便，幺正演化算符上面不再加 "^"）

$$H = \frac{1}{\sqrt{2}} \begin{pmatrix} 1 & 1 \\ 1 & -1 \end{pmatrix}, \ S = \frac{1}{\sqrt{2}} \begin{pmatrix} 1 & 0 \\ 0 & i \end{pmatrix}, \ T = \frac{1}{\sqrt{2}} \begin{pmatrix} 1 & 0 \\ 0 & e^{i\pi/4} \end{pmatrix}. \tag{9.4}$$

我们重点介绍一下哈达玛门. 类似于前面的自旋态 $|u\rangle$ 和 $|d\rangle$ 可以表示成列向量一样，我们也可以把 $|0\rangle$ 和 $|1\rangle$ 表达成列向量：

$$|0\rangle = \begin{pmatrix} 1 \\ 0 \end{pmatrix}, \ |1\rangle = \begin{pmatrix} 0 \\ 1 \end{pmatrix}. \tag{9.5}$$

一个量子比特如果一开始处于量子态 $|0\rangle$，在哈达玛门作用后，它的状态会变成

$$H|0\rangle = \frac{1}{\sqrt{2}} \begin{pmatrix} 1 & 1 \\ 1 & -1 \end{pmatrix} \begin{pmatrix} 1 \\ 0 \end{pmatrix} = \frac{1}{\sqrt{2}} \begin{pmatrix} 1 \\ 1 \end{pmatrix} = \frac{1}{\sqrt{2}}(|0\rangle + |1\rangle). \tag{9.6}$$

这个量子比特现在既不处于 $|0\rangle$ 态也不处于 $|1\rangle$ 态，而是处于它们的叠加态. 这是量子计算机和经典计算机最本质的区别之一. 在经典计算机里，一个比特总是处于一个确定的状态，0 或 1. 在经过逻辑门操作后，它依然处于一个确定的状态，0 或 1. 0 和 1 的叠加态在经典计算机里根本不存在，在量子计算机里则是经常出现的.

图 9.3 只列了一个双比特量子门——CNOT 门. CNOT 门的符号中有两条平行直线，上面那条直线代表控制比特，下面那条代表目标比特. CNOT 门的功能是这样：如果控制比特处于 $|0\rangle$，那么目标比特不变；如果控制比特处于 $|1\rangle$，那么目标比特发生翻转. 图 9.4 展示了 CNOT 门的功能.

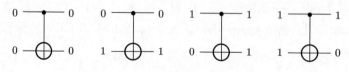

图 9.4   CNOT 门的功能

双自旋体系的希尔伯特空间维数是 4. 同样，两个量子比特的希尔伯特空间维数也是 4，它的四个基可以选为 $|00\rangle$，$|01\rangle$，$|10\rangle$ 和 $|11\rangle$. 在这些基里，

前一个比特是控制比特，后一个是目标比特. 比如，$|10\rangle$ 对应控制比特为 $|1\rangle$，目标比特为 $|0\rangle$. 我们将这些基表示成列向量：

$$|00\rangle = \begin{pmatrix} 1 \\ 0 \\ 0 \\ 0 \end{pmatrix} , \ |01\rangle = \begin{pmatrix} 0 \\ 1 \\ 0 \\ 0 \end{pmatrix} , \ |10\rangle = \begin{pmatrix} 0 \\ 0 \\ 1 \\ 0 \end{pmatrix} , \ |11\rangle = \begin{pmatrix} 0 \\ 0 \\ 0 \\ 1 \end{pmatrix} . \quad (9.7)$$

相应地，CNOT 门可以用下面这个 4×4 矩阵表示：

$$U_{\text{cnot}} = \begin{pmatrix} 1 & 0 & 0 & 0 \\ 0 & 1 & 0 & 0 \\ 0 & 0 & 0 & 1 \\ 0 & 0 & 1 & 0 \end{pmatrix} . \quad (9.8)$$

有兴趣的读者可以验算下面这些变换确实成立：

$$U_{\text{cnot}}|00\rangle = |00\rangle , \ U_{\text{cnot}}|01\rangle = |01\rangle , \ U_{\text{cnot}}|10\rangle = |11\rangle , \ U_{\text{cnot}}|11\rangle = |10\rangle . \ (9.9)$$

它们和图 9.4 中展示的 CNOT 门功能依次对应.

虽然原则上前面介绍的单比特门和双比特 CNOT 门已经足够模拟任何幺正演化了，但实际应用中出于方便的考虑，人们还是经常使用三比特量子门. 我们介绍一个非常有代表性的三比特量子门 —— 弗雷德金（Fredkin）门. 它的第一比特是控制比特，其他两个比特是目标比特，其功能如图 9.5 所示：当控制比特是 0 时，另外两个比特不变；当控制比特是 1 时，另外两个比特相互交换. 这个功能也可以用矩阵表达. 我们把三比特量子态记作 $|z_1 z_2 z_3\rangle$，其

中 z_i 表示第 i 个比特. 它们对应的列向量分别为:

$$|000\rangle = \begin{pmatrix} 1 \\ 0 \\ 0 \\ 0 \\ 0 \\ 0 \\ 0 \\ 0 \end{pmatrix}, \ |001\rangle = \begin{pmatrix} 0 \\ 1 \\ 0 \\ 0 \\ 0 \\ 0 \\ 0 \\ 0 \end{pmatrix}, \ |010\rangle = \begin{pmatrix} 0 \\ 0 \\ 1 \\ 0 \\ 0 \\ 0 \\ 0 \\ 0 \end{pmatrix}, \ |011\rangle = \begin{pmatrix} 0 \\ 0 \\ 0 \\ 1 \\ 0 \\ 0 \\ 0 \\ 0 \end{pmatrix}, \tag{9.10}$$

$$|100\rangle = \begin{pmatrix} 0 \\ 0 \\ 0 \\ 0 \\ 1 \\ 0 \\ 0 \\ 0 \end{pmatrix}, \ |101\rangle = \begin{pmatrix} 0 \\ 0 \\ 0 \\ 0 \\ 0 \\ 1 \\ 0 \\ 0 \end{pmatrix}, \ |110\rangle = \begin{pmatrix} 0 \\ 0 \\ 0 \\ 0 \\ 0 \\ 0 \\ 1 \\ 0 \end{pmatrix}, \ |111\rangle = \begin{pmatrix} 0 \\ 0 \\ 0 \\ 0 \\ 0 \\ 0 \\ 0 \\ 1 \end{pmatrix}. \tag{9.11}$$

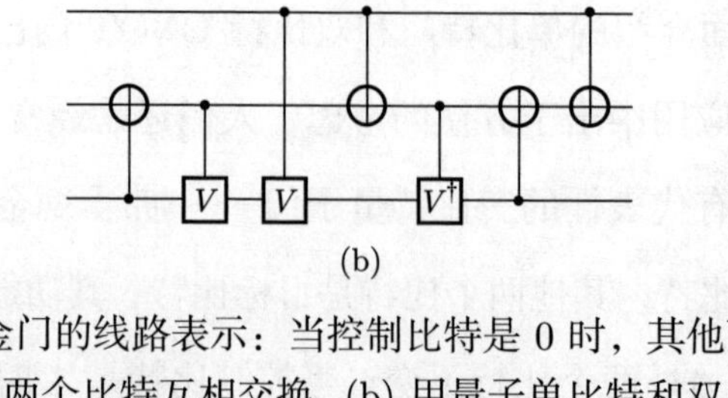

图 9.5   (a) 弗雷德金门的线路表示: 当控制比特是 0 时, 其他两个比特不变; 当控制比特是 1 时, 其他两个比特互相交换. (b) 用量子单比特和双比特门实现的弗雷德金门, 其中 $V \equiv (1-\mathrm{i})(I + \mathrm{i}X)/2$

弗雷德金门相应可以表达成下面的矩阵:

$$F = \begin{pmatrix} 1 & 0 & 0 & 0 & 0 & 0 & 0 & 0 \\ 0 & 1 & 0 & 0 & 0 & 0 & 0 & 0 \\ 0 & 0 & 1 & 0 & 0 & 0 & 0 & 0 \\ 0 & 0 & 0 & 1 & 0 & 0 & 0 & 0 \\ 0 & 0 & 0 & 0 & 1 & 0 & 0 & 0 \\ 0 & 0 & 0 & 0 & 0 & 0 & 1 & 0 \\ 0 & 0 & 0 & 0 & 0 & 1 & 0 & 0 \\ 0 & 0 & 0 & 0 & 0 & 0 & 0 & 1 \end{pmatrix}. \tag{9.12}$$

有兴趣的读者可以检验这个 8×8 矩阵确实可以实现弗雷德金门的功能.

　　弗雷德金门可以用一系列单比特和双比特量子门实现，如图 9.5 所示. 为了具体解释这个图，我们先介绍一下量子线路图的具体规则. 在量子线路图中，每条水平的直线代表一个量子比特，所以图 9.3 中的单比特门只有一条水平直线，而 CNOT 门有两条水平直线. 这些水平线上的符号表示对这个比特进行一个指定的幺正操作. 图 9.3 中左边就列出了经常应用的单比特操作对应的符号. 另外，有一个特殊的符号——实心圆. 它表示对这个比特不进行任何操作，而是把这个比特用作控制比特. 伴随一个实心圆总是有一条垂直的直线，这条垂线用来连接被控制的目标比特. 垂线另外一端的符号则表示：如果控制比特是 1，将对目标比特进行和符号相应的操作. 图 9.3 中右边的 CNOT 门很好地演示了实心圆和垂线的功能：上面水平线上的实心圆表示这个比特是控制比特，垂线将第一条水平线和第二条水平线连接，所以第二条水平线代表了目标比特；垂线另外一端的符号 "⊕" 表示翻转目标比特的状态：0 变 1、1 变 0. 图 9.5 的上面部分给出了弗雷德金门的线路表示：三条水平直线代表三个比特，实心圆表示第一条水平线是控制比特，垂线从实心圆出发连接了另外两条水平线，表示另外两个比特都是目标比特，垂线上的两个符号 "×" 表示这两个比特互相交换状态.

了解了这些规则后，我们就可以解读图 9.5 下方的量子线路了. 三条水平线代表三个比特. 第一步量子操作是 CNOT 门，它的控制比特是第三个比特，第二个比特是它的目标比特. 第二步是一个双比特门操作，它的控制比特是第二个比特，第三个比特是它的目标比特. 当第二个比特是 1 时，对第三个比特进行变换 V. 第三步是一个相同的双比特门操作，只是控制比特换成了第一个比特. 这里有个值得关注之处：第三步的垂线也和第二条水平线相交了，但交点上没有任何符号，所以第二个比特和控制比特没有任何关系. 第四步又是一个 CNOT 门，第一条水平线是控制比特，第二条水平线是目标比特. 第五步和第二步类似，只是变换是 $V^{\dagger}$，而不是 V. 第六、七步都是两个 CNOT 门. 有兴趣的读者可以验证一下这个由 7 个双比特门组成的量子线路和弗雷德金门的功能完全一致. 另外，还可以思考一下有没有更简单的利用单比特和双比特门实现弗雷德金门的方案.

前面介绍的所有量子门有一个共同的特征：它们对应的矩阵都是幺正矩阵. 比如，通过直接计算你可以验证 $U_{\mathrm{cnot}}^{\dagger} U_{\mathrm{cnot}} = 1$. 数学上可以证明由它们组合成的所有操作也对应幺正矩阵. 所以量子计算机里的每步操作都是一个幺正变换. 这是量子计算机的一个基本特征. 为什么要具备这个特征呢？前面说过量子系统的动力学演化是幺正变换，为了模拟这些量子系统，量子计算机的逻辑门必须是幺正的.

一个量子计算机具有一定数量的量子比特，它的工作过程大致分为三步：（1）它的所有量子比特被初始化为一个给定的量子态；（2）通过对这些量子比特进行一系列量子门操作，最终到达某个量子态；（3）对最后的量子态进行测量，读出结果. 量子算法就是针对一个给定的任务为这个工作过程设计方案. 完成同样的任务，用的量子门操作的步数越少，算法就越快. 一旦设计出量子算法，就可以把它和相应的经典算法比较，看看哪个更快. 比较量子算法和经典算法的快慢，主要看完成同样的任务，哪个算法需要的门操作步数少，步数少的就更快. 在第 9.4 节，我们将更具体地介绍如何比较算法的快慢.

下面介绍一个简单的量子算法，让读者具体感受一下. 为了和图 9.2 中的经典算法比较，我们要解决的问题同样是把两个个位二进制数 x_1 和 x_2 加起来. 首先我们注意到 $x_1 = 1, x_2 = 0$ 和 $x_1 = 0, x_2 = 1$ 会给出相同的和，即两个不同的输入给出相同的输出. 这在经典计算机里非常普遍. 图 9.1 中的经典逻辑门除了非门，都具有这个特征：不同输入给出相同的输出. 但是对于一个量子门或者量子计算机，不同的输入一定给出不同的输出. 我们来看看为什么.

考虑两个不同的输入 $|\phi_1\rangle$ 和 $|\phi_2\rangle$，并令 $|\psi\rangle = |\phi_1\rangle - |\phi_2\rangle$. 因为这两个态不同，所以 $|\psi\rangle \neq 0$. 假设某个量子门 U 会将两个不同的输入转换成一个相同的输出，即

$$|\varphi\rangle = U|\psi\rangle = U|\phi_1\rangle - U|\phi_2\rangle = 0. \tag{9.13}$$

但是我们注意到所有量子门都对应幺正变换，可以用幺正矩阵来表示，所以 U 是幺正的，$U^\dagger U = 1$，于是有

$$\langle\varphi|\varphi\rangle = \langle\psi|U^\dagger U|\psi\rangle = \langle\psi|\psi\rangle \neq 0, \tag{9.14}$$

和前面的 $|\varphi\rangle = 0$ 相互矛盾. 由于量子计算机运行是由一系列的量子门构成，所以在量子计算机里不同的输入一定给出不同的输出. 这样一来似乎无法用量子计算机来完成 $x_1 + x_2$ 这样最简单的计算了.

这个困难可以通过增加一个量子比特克服. 我们把三个量子比特依次记为 x_3, x_2, x_1，相应的量子态记作 $|x_3, x_2, x_1\rangle$. 那么下面这个转换就能满足量子计算机原则——不同输入给出不同输出：

$$|001\rangle \longrightarrow |001\rangle, \quad |010\rangle \longrightarrow |101\rangle. \tag{9.15}$$

最后我们只测量量子比特 x_1, x_2 就行了.

现在我们可以给出这个量子算法了:

(1) 将三个比特初始化为 $|0, x_2, x_1\rangle$;

(2) 将量子比特 x_2 作为控制比特, 量子比特 x_3（也就是额外加的那个比特）作为目标比特, 应用 CNOT 门;

(3) 将量子比特 x_3 作为控制比特, 应用弗雷德金门 F;

(4) 将量子比特 x_2 作为控制比特, 量子比特 x_1 作为目标比特, 应用 CNOT 门;

(5) 测量量子比特 x_1 和 x_2, 输出结果.

图 9.6 给出了这个量子算法的线路图. 我们以运算 $x_1 = 1, x_2 = 1$ 为例来具体说明这个算法. 第一步, 准备量子态 $|011\rangle$. 第二步, 由于比特 x_2 是 $|1\rangle$, 作用 CNOT 门后, 目标比特 x_3 翻转, 这样我们有 $|111\rangle$. 第三步, 作用弗雷德金门 F 后, 状态不变. 第四步, 由于比特 x_2 是 $|1\rangle$, 作用 CNOT 门后, 目标比特 x_1 翻转, 这样我们有 $|110\rangle$. 第五步, 测量头两个比特, 得到结果 10. 任务成功完成.

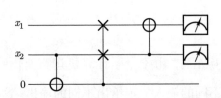

图 9.6　将两个二进制个位数 x_1 和 x_2 相加的量子算法

我们现在来比较这个加法的经典算法和量子算法. 经典算法明显更简单, 同时应用两个两比特逻辑门一步就完成了, 唯一的缺点是需要 4 个比特, 比量子算法多一个. 量子算法除去输入输出, 中间至少要三步. 如果要求所有量子门操作必须是单比特或双比特门, 那么我们需要至少八步（参见图 9.5 中弗雷德金门的实现). 所以在这个具体问题上, 量子算法比经典算法慢很多. 这就引出一个很重要很基本的问题: 量子计算机到底有多强大? 我们将在第 9.4 节详细介绍. 有兴趣的读者可以思考一下, 关于 $x_1 + x_2$ 有没有更简单和快速的量子算法.

9.3 量子计算机的特例——可逆经典计算机

在上一节我们已经注意到了经典逻辑门和量子逻辑门的一个重要区别: 大多数经典逻辑门是不可逆的, 不同的输入会给出相同的输出; 而所有的量子逻辑门都是可逆的, 不同的输入总是给出不同的输出. 这似乎意味着是否可逆是经典和量子计算机的一个本质区别, 但这是错误的! 虽然现实中使用的经典计算机都是不可逆的, 但是原则上经典计算机也可以是可逆的. 20 世纪 70 年代很多科学家研究了可逆经典计算机, 他们发现可逆经典计算机不但在理论上是可行的, 而且和不可逆经典计算机一样强大. 他们还提出了很多具体实现可逆经典计算机的物理方案.

弗雷德金 (Edward Fredkin) 和托福利 (Tommaso Toffoli) 是这些科学家中的两个代表人物. 他们分别提出了两个以他们名字命名的三比特逻辑门. 上一节已经介绍了弗雷德金门, 现在我们简单介绍一下托福利门. 如图 9.7 所示, 托福利门有两个控制比特, 一个目标比特. 它实现的功能是: 只有当两个控制比特同时为 1 时, 目标比特才翻转, 其他情况, 所有比特不变. 这显然是一个可逆逻辑门: 不同输入给出不同输出. 托福利门也可以用一个 8×8 的幺正矩阵表示.

弗雷德金门和托福利门虽然是可逆逻辑门, 但利用它们我们可以实现图 9.1 中所有的经典逻辑门, 无论可逆与否. 我们以弗雷德金门为例来介绍一下. 图 9.8 给出了用弗雷德金门实现经典逻辑门非门、与门和或门的线路图. 弗雷

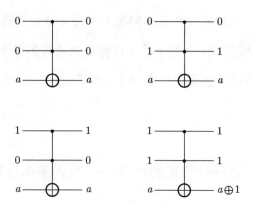

图 9.7　托福利门有两个控制比特，只有当它们同时为 1 时，第三个比特才翻转，其他情况，所有比特不变. 这里 $\oplus$ 是模 2 加法：两数相加后除 2 取余数

德金门是一个三比特可逆逻辑门，有三个输入和三个输出，而想实现的经典逻辑门只有一个或两个输入，输出只有一个. 因此在任何实现方案中，弗雷德金门总是有冗余的输入和输出. 对于输入，我们可以固定冗余输入的输入值；对于输出，我们只需关注特定的输出，不管其他输出. 在图 9.8 中，我们看到在实现非门时，两个目标比特的输入分别固定为 1 和 0. 我们需要的输出来自第一个目标比特，为了明确，已用方框标记. 为了实现与门和或门，我们只需固定第二个目标比特的输入. 由于任何逻辑门都可以用非门、与门和或门组合而成，所以弗雷德金门是一个普适逻辑门（universal gate），即只用弗雷德金门就可以实现任何逻辑功能和运算. 托福利门也是一个普适逻辑门. 有兴趣的读者可以尝试用弗雷德金门直接实现与非门和异或门，用托福利门实现非门、与门、或门等逻辑门.

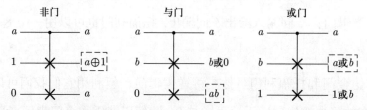

图 9.8　用弗雷德金门实现经典逻辑门：非门、与门和或门. 由于弗雷德金门是三比特可逆逻辑门，其输入和输出都有冗余. 有效输入用变量表示；有效输出用方框标记

上面的分析立刻有两个非常重要的推论：第一个推论是可逆经典计算机在理论上确实可行；第二个推论是可逆计算机和通常的不可逆计算机是等价的，具有一样强大的计算能力. 如果你有一个不可逆计算机的算法程序，只需要把其中的逻辑门换成弗雷德金门或托福利门就可以得到一个可逆计算机的程序，这两个程序逻辑门个数是一样多的，可逆程序只是多用了一些比特.

上面的分析还有一个非常重要的推论：可逆经典计算机是量子计算机的一个特例. 可逆经典计算机的逻辑门是由弗雷德金门或托福利门构成的，而弗雷德金门或托福利门都是幺正变换，所以可逆经典计算机是量子计算机的一个特例. 结合前面的推论，可逆计算机和不可逆计算机是等价的，我们可以断言：经典计算机是量子计算机的一个特例. 所以经典计算机不可能比量子计算机强大. 弗雷德金门和托福利门虽然最早是在研究可逆经典计算机时提出的，但现在在量子计算机里有广泛应用.

那么经典计算机和量子计算机之间的根本区别是什么呢？为了回答这个问题，我们考虑三个量子比特，假设它们处于量子态 $|101\rangle$. 这个态有两层含义：首先它是一个直积态，各比特之间没有纠缠；其次，每个量子比特都处于确定的 0 或 1 态. 因为经典比特也能实现这些态，我们不妨把这类态叫经典态. 注意有些直积态不是经典态，比如 $(|101\rangle + |100\rangle)/\sqrt{2}$ 是一个直积态但不是经典态，因为第一个比特处于一个叠加态 $(|1\rangle + |0\rangle)/\sqrt{2}$. 利用经典态，我们可以把量子门分为两类：直积量子门和叠加量子门. 对于直积量子门，如果输入是经典态，输出一定也是经典态，不满足这个要求的则是叠加量子门. 通过穷举法可以验证弗雷德金门和托福利门都是直积量子门. 因为托福利门能实现 CNOT 门（见图 9.9(a)），CNOT 门也是直积量子门. 前面介绍过的量子门中，只有哈达玛门是叠加量子门.

只含有直积量子门的量子计算机实质上是经典可逆计算机. 对于这类量

子计算机，当输入是经典态时，每步量子门操作后它的输出也一定是经典态. 图 9.6 中的量子算法实质上是一个可逆经典算法，因为它只含有直积量子门. 超越经典计算机的量子线路必须至少有一个叠加量子门，比如哈达玛门. 图 9.9(b) 展示的就是一个真正的量子线路. 如果输入态是一个经典态 $|10\rangle$，那么它会经历如下演化：

$$|10\rangle \xrightarrow{H} \frac{1}{\sqrt{2}}|1\rangle \otimes (|0\rangle + |1\rangle) \xrightarrow{\text{CNOT}} \frac{1}{\sqrt{2}}(|10\rangle + |01\rangle). \tag{9.16}$$

最后的状态不但是叠加态还是一个纠缠态：两个量子比特失去自我，处于不确定的量子态. 在经典计算机（可逆与否）里，这是完全不可能的. 所以叠加和纠缠是经典计算机和量子计算机之间的根本区别. 量子计算机由于这两个额外的特征而可能变得比经典计算机更强大，人们也确实找到了比经典算法更快的量子算法，但人们还是不清楚叠加和纠缠究竟是如何让量子计算机变得强大的.

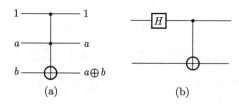

图 9.9   (a) 用托福利门实现的 CNOT 门；(b) 产生叠加和纠缠态的量子线路

9.4   量子计算机到底有多强大

在上一节我们已经看到，从理论上讲量子计算机肯定不比经典计算机差，但究竟能强大多少呢？要回答这个问题，我们需要先弄清楚如何比较两台计算机的性能. 最直截了当的办法就是把这两台计算机放在一起，让它们去解决相同的问题，看看谁快. 遗憾的是实用的量子计算机还没造出来.

另外一个办法就是比较算法. 根据两台计算机的工作原理，我们针对同一个问题为它们分别设计算法，如果一个算法需要的步数比另外一个少，我们就说相应的计算机更强大. 在上节我们介绍了一个量子加法算法，明显比相应的经典加法算法步数多，所以在这个特定的问题量子计算机没有经典计算机快. 但我们能就此断言量子计算机没有经典计算机强大吗？不能. 让我们来看看这是为什么.

假设我们有两台计算机：一台叫朱雀，它只能进行加法运算；另一台叫白虎，它能进行所有加减乘除运算. 让它们计算函数 $g(n) = 1 + 2 + 3 + \cdots + n$. 由于朱雀只能做加法，我们为朱雀设计的算法只能是老老实实把数字从 1 加到 n. 但对于白虎，我们可以利用公式 $g(n) = n(1+n)/2$ 来计算. 当 $n \leqslant 2$ 时，显然朱雀算得更快：$n = 1$ 时，不需要做任何计算；$n = 2$ 时，只需要做一步加法. 相比之下，无论 $n = 1$ 还是 $n = 2$，白虎都要做一步加法、一步乘法和一步除法. 但是，同样明显的是，当 n 很大时，白虎会快很多很多. 所有人都会同意白虎这台计算机更强大.

可见，要想比较计算机的强大没有那么简单. 在经典计算机造出来以前，计算机学家和数学家们就纸上谈兵式地在理论上讨论过各种经典计算机的可能构造方式，并比较了它们的快慢. 大名鼎鼎的图灵机就是这些理论探索的产物. 为了比较各种计算机的快慢，科学家们提出一个叫时间复杂度（time complexity）的函数 $O(f(n))$，这里的变量 n 是问题输入的大小，$f(n)$ 则是 n 的函数. 时间复杂度函数想表达的是，当输入大小 n 增大一倍时，计算时间会如何增长. 让我们跳过抽象的数学，通过举例来进一步说明这个时间复杂度函数 $O(f(n))$.

（1）整数的奇偶性判断. 输入是一个整数，它在二进制表示下的位数 n 就是输入的大小. 无论这个整数多大，有多少位，我们只需要看它的个位数就能判断它的奇偶性. 也就是说计算时间和输入大小无关，所以奇偶性判断问题

的时间复杂度是 $O(1)$.

（2）随机搜索. 有一个门，你有十把没有标签的钥匙，其中只有一把钥匙能开门. 为了找出开门的钥匙，你只好一把一把试. 运气好，第一次就成功了；运气差，最后一把才成功. 你需要平均试 5 次. 这类问题叫随机搜索问题：你有 N 个没有标签的物体，其中只有一个是你想寻找的. 这个问题的输入大小是 N，你需要平均试 $N/2$ 才能找到你的目标. 计算机学家认为这个问题的时间复杂度是 $O(N)$. 为什么不是 $O(N/2)$ 呢？因为时间复杂度函数想描述的是，当输入大小增大一倍时，计算时间会如何增长. $O(N)$ 和 $O(N/2)$ 都描述了如果输入大小增加一倍，随机搜索的时间会翻倍，所以系数 1/2 不重要.

我们现在利用时间复杂度来看看量子计算机有多强大. 本章的开头提到，肖尔在 1994 年发现整数因子分解的量子算法比经典算法有一个指数加快. 这个"指数加快"就是针对时间复杂度说的. 我们具体看一下. 假设有一个整数 N，它的二进制表示有 n 位. 肖尔的量子算法的时间复杂度是 $O(n^2 \cdot \log n \cdot \log \log n)$，而最快的经典算法的时间复杂度是 $O(e^{1.9 n^{1/3} \log^{2/3} n})$. 现在 RSA 密码协议中利用的整数的二进制表示有 2048 位，即 $n = 2048$. 为了破解这个密码协议，量子算法大致需要 $n^2 \cdot \log n \cdot \log \log n \approx 1.6 \times 10^8$ 步；经典算法则需要 $e^{1.9 n^{1/3} \log^{2/3} n} \approx 6.75 \times 10^{51}$ 步. 如果量子计算机和经典计算机每秒都能算 10^9 步，那么量子计算机不到 1 s 就能破解密码，而经典计算机则大约需要 2×10^{35} 年，比宇宙的寿命还高 25 个数量级. 这个差别是非常惊人的！可惜介绍肖尔的算法已经超越了本书的范畴.

我们再来看一下前面提到的随机搜索，在经典计算机上时间复杂度是 $O(N)$. 格罗弗（Lov Kumar Grover）在 1996 年提出了一个量子随机搜索算法，它的时间复杂度是 $O(\sqrt{N})$，比相应的经典算法有个很大的加快：当被搜索的物体数目增加到以前的四倍时，格罗弗的量子搜索算法搜索时间加长一

倍，而经典搜索算法则要花四倍以前的时间. 格罗弗算法涉及的数学有些复杂，本书将不介绍它是如何具体运行的. 我在这里给一个形象的解释，为什么量子搜索会更快. 我们用 $|1\rangle, |2\rangle, \cdots, |j\rangle, \cdots, |N-1\rangle, |N\rangle$ 表示 N 个被搜索的物体. 搜索前，量子计算机被设置在量子态

$$|\Psi_0\rangle = \sum_{j=1}^{N} \frac{1}{\sqrt{N}} |j\rangle, \tag{9.17}$$

每个量子态 $|j\rangle$ 前的概率幅系数都是 $1/\sqrt{N}$. 这反映一个事实，搜索前大家对情况一无所知，所以每个态出现的可能性是一样的. 在经典计算机里，我们是用概率 $1/N$ 来表示每个物体的可能性是一样的. 量子概率幅 $1/\sqrt{N}$ 和经典概率 $1/N$ 之间的差别正好就是量子搜索算法更快的原因.

上面两个例子表明，量子计算机确实可以比经典计算机强大很多. 遗憾的是，科学家至今只找到了数量很少的比经典算法更快的量子算法. 一个可能的原因是量子计算机按照量子力学规律运行，我们日常生活中获得的直觉对设计量子算法没有太多帮助. 我认为更重要的原因是，我们还没有深刻理解为什么量子计算机比经典计算机强大. 上面我们解释了一下为什么量子随机搜索算法比经典搜索算法快，但这个解释并不适用于肖尔的量子算法. 肖尔的量子算法之所以快的原因非常不同. 这样一来，我们在设计量子算法的时候就缺乏具体的指导原则，以致很难找到比经典算法更快的量子算法. 现在物理学家正在尝试利用已知的各种量子过程，比如量子隧穿和量子绝热演化，来帮助设计量子算法，并取得了一些初步的进展.

一个广泛的误解是，量子计算机强大的原因是量子计算机上更容易进行平行计算：利用态叠加原理，人们可以输入多个初态同时进行计算. 但麻烦的事情是，输出的结果也是很多个答案的叠加，为了区分这些答案，我们不得不进行测量. 测量结果只有一个，为了得到其他答案，我们不得不重复所有的计算. 可见，虽然态叠加是量子计算机区别于经典计算机的一个重要特征，简

单应用态叠加原理并不会增强量子计算机的性能.

注意,任何量子算法结束时都要通过测量来获得解.如果解有几个,就必须重复计算,通过重新测量来获得新的解.这个结论不依赖于我们如何理解测量对量子态的影响.如果我们用波包塌缩理论去理解,那测量后量子计算机会塌缩到其中的一个解上.你以后如果继续测量,只会得到同一个解.如果用多世界理论去理解,测量后世界发生分裂,有多少个解就有多少个世界,在每个世界里只有一个解.无论你怎么理解测量,如果你想知道其他解,就必须重复这个计算,重新测量一次.

最后强调一下,尽管人们已经知道在一些特定问题上量子计算机比经典计算机强大,但是在很多问题上,人们依然不知道量子计算机是否比经典计算机强大.比如,有一类非常难的问题叫 NP 完全问题.关于这些问题,人们迄今为止还没有找到任何比经典算法更快的量子算法.

9.5　难于上青天

量子计算机的理论构想起步于 20 世纪 80 年代初,经过近 40 年的发展,科学家们已经在实验室里实现了一些非常初级的量子计算机,但它们的计算能力远远低于任何一台个人电脑.现在科学界一个普遍接受的观点是,建造一台超越最快经典计算机的通用量子计算机是很难的.通用指的是原则上可以用来解决任何问题.和通用相对的是特殊用途量子计算机,这类量子计算机只能解决某个或某些特定的任务.我个人认为,人类至少需要 50 年才能造出第一台超越经典计算机的通用量子计算机.超越经典计算机的特殊用途量子计算机有可能很快就会实现.为了尽快实现这个目标,有人甚至专门设计了一些特殊的,不对应任何实际应用的量子问题来让量子计算机解.这些问题有两个特点:(1)它很难用经典计算机模拟;(2)它比较容易在实验室里利用特别的设备实现. 谷歌公司在 2019 年 10 月公布的设备就属于这一类量子计算机. 但这样的进展到底有多大意义还是颇有争议的. 首先, 它没有解决任何实际问题, 人类有史以来发明的任何计算机器都是有实用价值的; 其次, 它并没有实质性地促进通用量子计算机技术的进步. 无论是争议还是困难, 都是科学探索中不可避免的, 时间这个最公正的裁判会给出最后的判决.

李白曾慨叹, "蜀道之难, 难于上青天"! 现在人类已经可以轻易飞上青天, 甚至可以登陆火星, 向外太空发射飞行器, 但是依然造不出一台实用的量子计算机. 所以蜀道不难, 上青天也不难, 但造量子计算机真的很难. 为什么呢?

我们先回顾一下经典计算机的技术实现. 在现代计算机里, 比特的两个状态 0 和 1 对应场效应晶体管中门电压的高低. 只要门电压高于一个阈值就是高电压, 代表状态 1; 反之是低电压, 代表状态 0. 0 或 1 都对应一个很大的电压范围, 我们不需要对电压有很精确的控制和测量就能准确地得到 0 或 1. 这就像往两个相隔一定距离并且大而深的桶里扔小球, 球很容易被扔进指定的桶里, 而且扔进去以后很难跑到另外一个桶里 (见图 9.10(a)). 即使这样, 在噪声的扰动下, 一个处于 0 态的比特还是有很小的可能变成 1, 导致错误. 为了尽可能避免和减少错误, 经典信息技术使用了容错方案. 一个简单而且非常有效的方案是把三个比特当作一个比特用:

$$0 \rightarrow 000, \qquad 1 \rightarrow 111. \tag{9.18}$$

人们通常把左侧的比特叫作逻辑比特, 把右侧的三个比特叫作物理比特. 三个物理比特处于状态 000 代表逻辑比特处于状态 0, 三个物理比特处于状态 111 代表逻辑比特处于状态 1. 假设由于噪声, 处于 000 态的物理比特变成了 010, 计算机通过对比发现三个比特中一个是 1 两个是 0, 于是判定是中间的物理比特出错, 实施操作将其纠正为 0. 由于两个比特同时出错的概率很小, 这就降低了错误率. 为了继续降低错误率, 我们可以进一步增加物理比特的数量.

(a) 经典比特　　　　　　　　　　(b) 量子比特

图 9.10　经典比特和量子比特. 经典比特只有两个状态, 0 和 1; 量子比特除了 $|0\rangle$ 和 $|1\rangle$ 以外还可以处于 $|0\rangle$ 和 $|1\rangle$ 的量子叠加态. 操控经典比特比较容易, 可以类比成往两个大而深的桶里扔小球, 很容易把球扔进, 而且球进去以后不容易跑到另外一个桶里. 量子比特的操控就难很多, 类似于把小球扔进很多小而浅的桶里, 不但需要很高的操控精度把球扔进一个特定的小桶, 而且扔进去以后小球还很容易跑到其他桶里

　　这类错误同样会出现在量子计算机里, 而且更严重. 量子比特不但有 $|0\rangle$ 和 $|1\rangle$ 两个状态, 而且可以处于它们的叠加态 $\alpha|0\rangle + \beta|1\rangle$, 其中 α 和 β 是连续变化的复数. 由于这些叠加态之间的差别很小, 实现对量子比特状态的精确操控变得极具挑战性. 我们可以把量子比特的各个叠加态类比成很多个小而浅的桶, 把小球扔进某个指定的小桶显然难了很多（见图 9.10(b)）. 我们用一个例子来具体说明. 假设有一个量子比特处于状态 $|0\rangle$, 我们希望通过一个 X 门操作, 将它翻转为 $|1\rangle$. 由于噪声或操控精度等原因, 实际执行的幺正变换是

$$\tilde{X} = \frac{1}{\sqrt{1+\epsilon^2}} \begin{pmatrix} \epsilon & 1 \\ 1 & \epsilon \end{pmatrix} \quad (|\epsilon| \ll 1). \tag{9.19}$$

经过这个变换后, 量子比特处于如下状态:

$$|1_\epsilon\rangle = \frac{1}{\sqrt{1+\epsilon^2}}(\epsilon|0\rangle + |1\rangle), \tag{9.20}$$

这个态非常接近 $|1\rangle$. 经典比特只有 0 和 1 两个状态, 任何接近 1 的状态都是状态 1. 但是对于量子比特, $|1_\epsilon\rangle$ 和 $|1\rangle$ 是两个不同的状态. 量子计算机运行时需要进行上万甚至更多次门操作, 每次操作都会带来类似的小偏差, 这些小偏差会积累, 最后导致整个运行失败. 所以量子计算机需要更强大的容错方

案. 科学家们发现, 量子容错方案至少需要用 6 个物理比特来实现逻辑比特. 这既是一个好消息又是一个坏消息. 好消息是确实存在切实可行的容错方案; 坏消息是它极大增加了建造量子计算机的难度. 一个普遍的共识是: 一个通用量子计算机至少需要 50 个量子逻辑比特才有可能超越经典计算机, 所以一台有实用价值的量子计算机至少需要 300 个量子物理比特. 最近公布的所有量子计算机都没有超过 100 个量子物理比特, 而且没有采用容错方案. 我们距离具有实用价值的量子计算机还有很长很长的路要走.

最糟糕的是量子计算机还面临一个更大的困难 —— 退相干. 这是量子计算机独有的困难, 在经典计算机里根本不存在. 退相干指的是量子比特失去它们的量子相干特征, 状态不再确定. 我们来看一下这究竟是如何发生的. 从硬件上讲, 量子计算机由两部分组成: 量子比特和实现量子逻辑门的各种器件. 为了方便, 我们把后者统一称为门器件. 人们通过门器件实现对量子比特的量子门操作, 使其状态发生改变. 门器件因为要对量子比特进行量子门操作, 必须和量子比特相互作用, 而相互作用几乎肯定会导致纠缠. 某次门操作后, 量子计算机非常可能处于如下量子态:

$$|\mathrm{QC}\rangle = \frac{1}{\sqrt{1+\epsilon^2}} \left\{ |\mathrm{Qubits}_A\rangle |\mathrm{Gates}_1\rangle - c|\mathrm{Qubits}_B\rangle |\mathrm{Gates}_2\rangle \right\}, \qquad (9.21)$$

其中 $|\mathrm{Qubits}_{A,B}\rangle$ 表示量子比特的状态而 $|\mathrm{Gates}_{1,2}\rangle$ 表示门器件的量子态. 这是一个纠缠态. 前面我们讨论过, 一旦两个系统处于纠缠态, 这两个系统都会各自缺失自我, 不再具有确定的量子态. 如果量子计算机整体处于上面这样的纠缠态, 那么它的量子比特就没有确定的量子态. 专业人士会说量子计算机这时退相干了, 不再是量子计算机. 实际情况更糟糕, 因为除了门器件外, 量子比特还会受到其他噪声的干扰, 这些噪声也会导致退相干.

退相干是建造量子计算机面临的最大的困难. 物理学家们想了很多办法来减小退相干, 比如, 寻找容易操控的量子比特, 将量子计算机放置在非常低的温度环境等. 经过大量实践, 现在国际上绝大多数实验组都倾向于使用基于超导约瑟夫森结的量子比特. 最近非常热门的拓扑量子计算则是希望利用拓扑来保护量子比特的相干性.

很显然, 量子比特的数目越多, 它们就越可能与门器件和环境发生纠缠, 退相干就越容易发生. 另一方面, 为了让量子计算机更强大, 我们又必须集成更多的量子比特. 这种两难的困境是物理学家迄今面临的最大技术挑战, 这比遨游太空、潜入深海都难, 甚至比仿造人脑更难. 我不敢肯定实用的通用量子计算机一定能够造出来, 但通过尝试建造量子计算机, 人类一定会掌握更多微观世界的奥秘, 推动微观操控技术的提高.

第十章　量 子 通 信

在这个信息的时代，我们的生活越来越多地以比特的形式，被计算机处理、在磁介质上存储、通过光纤和电磁波传递. 然而我们的世界在本质上是量子的，一个很自然的问题是这些信息如果用量子比特来表达，那么我们应该如何处理、存储、传递它们. 这些问题就是量子信息理论要研究的. 上一章讲述的量子计算就是量子信息的一部分，在这个领域人们研究如何处理和存储量子信息. 量子信息还有一个重要的分支——量子通信. 在这个分支，人们主要利用量子纠缠建立了量子隐形传态（quantum teleportation）的通信方式，并在此基础上传递量子信息和实现密钥的分配. 和量子计算一样，量子通信也受到大众媒体的广泛关注. 在技术上，量子通信已经相当成熟，且在实用，但是它的用户目前还局限于银行等大型商业机构.

在量子计算机领域，很多量子体系曾被提议来实现量子比特，比如核自旋、囚禁在电磁阱中的离子、量子点等. 现在绝大多数实验组都专注于用超导约瑟夫森结实现量子比特，还有很多实验室致力于实现拓扑量子比特. 但在量子通信领域，人们无一例外地选择了用光子来实现量子比特，主要有两个原因：（1）光子在通常的环境下也有很显著的量子效应；（2）在经典通信里人们已经积累了很多光通信的技术和经验. 由于这个原因，我们下面就先介绍光（或光子）以及如何用光子实现量子比特.

10.1　光子的偏振和量子信道

1865 年，麦克斯韦（James Clerk Maxwell，1831—1879）写下了一个以他名字命名的伟大方程组，这组方程可以描述所有的电磁现象. 写下这组方程以后，麦克斯韦立刻意识到光其实是一种特殊的电磁波. 反过来，也可以说所有的电磁波都是一种特定的光. 后来普朗克和爱因斯坦提出了光量子（简称光子）理论，认为所有的电磁波都是由一个一个光子组成的，这个理论最后被实验证实了. 这样我们就有了一个有趣的结论：光（或电磁波）既是波又是粒子. 日常生活中接触到的光或电磁波都是由大量光子构成的，因此我们平时完全感受不到单个光子的存在，就像我们每天都接触水却感受不到单个水分子的存在. 你的手机在信号很强时的接收功率大约是 10 nW，即 10^{-8} W，这相当于每秒钟接收大约 10^{16} 个频率约为 900 MHz 的光子，这比一吨沙子里的沙粒个数高一百万倍. 如果你用的是 4G 手机，那么你接收到的每一个比特的信息是由超过 100 万个光子携带的. 由于这个原因，在日常的通信中，信号很稳定，不容易被噪声干扰.

在量子通信里，一个光子携带一个比特的信息. 光子的两个相互垂直的偏振态被用来表示一个比特的信息. 我们用水平偏振态表示 $|0\rangle$，用垂直偏振态表示 $|1\rangle$. 其他偏振态则可以表示成这两个态的叠加 $\alpha|0\rangle + \beta|1\rangle$. 偏振态可以用一块方解石晶体测量. 图 10.1 演示了方解石晶体对光子偏振的测量. 如果处于水平偏振态 $|0\rangle$，光子将毫无变化地通过方解石；如果处于垂直偏振态 $|1\rangle$，光子的轨迹在通过方解石后将向下发生偏移；如果处于其他偏振态 $|\psi\rangle = \alpha|0\rangle + \beta|1\rangle$，那么这个光子在通过方解石后有 $|\alpha|^2 = |\langle\psi|0\rangle|^2$ 的概率变成水平偏振，$|\beta|^2 = |\langle\psi|1\rangle|^2$ 的概率变成垂直偏振并向下发生偏移. 如果有一束处于偏振态 $|\psi\rangle = \alpha|0\rangle + \beta|1\rangle$ 的光通过方解石，那么这束光会被分为两束：上面一束处于水平偏振态，强度正比于 $|\alpha|^2$；下面一束处于垂直偏振态，强度正比于 $|\beta|^2$.

这和测量自旋态的施特恩–格拉赫实验非常类似. 在物理学家的眼里，这两个实验的物理实质是一样的. 在更深的层次，物理学家发现光子的偏振态就

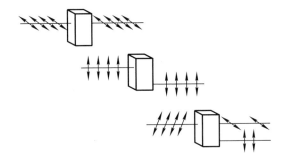

图 10.1 光子的偏振态及其实验测量. 具有确定偏振态的光子从左入射到一块方解石晶体上.（1）如果偏振方向是水平的，光子将不受方解石影响，从右边出射保持水平偏振；（2）如果偏振方向是垂直的，光子的轨迹将被方解石向下平移，从右边出射但仍然保持垂直偏振；（3）如果偏振方向是 45°，那么光子有一半概率像水平偏振的光子一样通过方解石，有一半概率像垂直偏振的光子一样通过方解石. 这个实验和自旋的施特恩–格拉赫实验非常类似

是光子的自旋，方解石晶体可以看作一个"等效磁场"，用来区分光子的不同自旋态.

在施特恩–格拉赫实验里，如果我们改变磁场方向，测量结果会发生变化. 同样，如果我们旋转方解石改变它的方向，测量结果也会发生改变. 我们考察一个特例，将方解石旋转让它和垂直方向偏离 45°. 这时能通过方解石而不受影响的偏振态是 $|0_x\rangle = (|0\rangle + |1\rangle)/\sqrt{2}$；而具有偏振态 $|1_x\rangle = (|0\rangle - |1\rangle)/\sqrt{2}$ 的光子通过这个 45° 角的方解石后会发生偏移并保持自己的偏振态. 人们通常把 $|0_x\rangle$ 称作 45° 角偏振态，把 $|1_x\rangle$ 称作 135° 角偏振态.

其实方解石可以旋转任意一个角度. 无论方解石如何放置，光子通过后只可能有两个结果：不发生偏移，我们记之为 0；发生偏移，我们记之为 1. 方解石的偏角只会影响这两种结果发生的概率. 比如，当方解石垂直放置时，对偏振态 $|0\rangle$ 的测量结果是 100% 为 0，0% 为 1. 上面讨论了对光子偏振态的两种特殊测量：（1）方解石垂直放置；（2）方解石和垂直方向偏离 45°. 我们把它们分别称为 M_z 和 M_x. 由于后面介绍的量子通信要用到这两种测量，我们

将它们对四个偏振态 $|0\rangle, |1\rangle, |0_x\rangle, |1_x\rangle$ 的测量结果总结在下面这个表中.

表 10.1 光子偏振态测量

偏振态	$\|0\rangle$		$\|1\rangle$		$\|0_x\rangle$		$\|1_x\rangle$	
测量结果	0	1	0	1	0	1	0	1
M_z	100%	0%	0%	100%	50%	50%	50%	50%
M_x	50%	50%	50%	50%	100%	0%	0%	100%

量子通信就是将信息编码到光子的偏振态中，并将编码后的光子传递到远方. 信息可以是经典信息也可以是量子信息. 对于由一串 0 和 1 组成的经典信息，编码后的光子将处于相应的水平或垂直偏振状态. 如果是量子信息，编码后的光子将处于水平和垂直偏振的叠加态甚至纠缠态. 由于单个光子的偏振和光子之间的纠缠很容易被各种噪声干扰，所以对传递这些光子的媒介有非常高的要求. 为了和普通的经典通信区别，人们把传递量子信息的渠道叫作量子信道，传递经典信息的渠道叫作经典信道. 量子信道需要很多精巧而昂贵的仪器设备来维持. 即使这样，量子信道中也有光子耗散问题，每隔一段距离需要补充光子，这就是量子中继. 量子中继不仅要补充光子，而且补充的光子要和以前的光子具有完全相同的偏振态. 但是根据量子不可克隆定理（见第六章），我们无法直接通过克隆的办法来补充相同偏振态的光子，这给量子中继造成了巨大的技术障碍. 据我了解，迄今量子中继问题还没有完全解决，限制了实际应用中量子通信的距离.

相对于量子通信，日常生活中的经典通信是非常稳定的. 首先，经典光（或电磁波）通信中，一比特信息不是由单个光子而是由上百万个光子共同携带的. 这种情况下，显然小的噪声不会影响光携带的信息，稳定性大大增加. 其次，现在最先进的经典通信都是通过调制光（或电磁波）频率来传递，和光的偏振方向没有任何关系. 而光的频率很难被改变，光的强度则很容易通过中继放大器得到补偿. 所以经典通信是很稳定的, 这和我们的日常经验是一致的: 我们几乎从来不用担心电话中的噪声, 只有在很偏远的地区才会担心信号太弱.

由于稳定性的问题, 量子通信的应用范围受到了很大限制, 迄今为止量子通信只能用来远距离产生密钥. 可以明确地断言: 量子通信永远也不会取代经典通信, 走进我们的日常生活.

10.2 量子隐形传态

量子隐形传态 (quantum teleportation) 是一种简单而又神奇的量子通信方式. 它通过分享一对纠缠的光子, 将一个量子态从发送者传给接收者. 按照惯例, 我们把发送者称作爱丽丝 (Alice), 把接收者称作鲍勃 (Bob).

爱丽丝有一个光子, 它处于某个偏振态 $|\psi\rangle = \alpha|0\rangle + \beta|1\rangle$. 她想把这个偏振态传给远方的鲍勃. 有很多种可能的方法来完成这个任务: (1) 爱丽丝完全知道这个偏振态, 即知道叠加系数 α 和 β. 在这种情况下, 她可以利用电话等经典通信手段把这两个系数告诉鲍勃, 鲍勃根据这两个系数将一个光子制备成态 $|\psi\rangle$. (2) 爱丽丝不知道这个偏振态的具体信息. 在这种情况下, 她可以通过量子信道直接将这个光子传给鲍勃. 第一个方法只用了经典信道, 我们把它叫作纯经典传态. 第二个方法只用了量子信道, 我们把它叫作纯量子传态. 下面我们介绍第三种方法, 即量子隐形传态, 这个方案里爱丽丝和鲍勃同时用了经典信道和量子信道.

图 10.2 示意地描述了量子隐形传态的步骤. 爱丽丝制备一对光子, 它们处于如下的纠缠态:

$$|\gamma_{00}\rangle = \frac{1}{\sqrt{2}}(|00\rangle + |11\rangle). \tag{10.1}$$

加上已有的一个光子，爱丽丝共有三个光子，它们的状态是

$$|\Phi_0\rangle = |\psi\rangle \otimes |\gamma_{00}\rangle = \frac{1}{\sqrt{2}}\Big\{\alpha|0\rangle \otimes (|00\rangle + |11\rangle) + \beta|1\rangle \otimes (|00\rangle + |11\rangle)\Big\}$$

$$= \frac{1}{\sqrt{2}}\Big\{\alpha(|000\rangle + |011\rangle) + \beta(|100\rangle + |111\rangle)\Big\}. \tag{10.2}$$

爱丽丝将纠缠对中的一个光子通过量子信道传给鲍勃. 假设量子信道完美无
缺. 这种情况下，尽管一个光子已经在鲍勃那里，这三个光子的状态仍然是
$|\Phi_0\rangle$. 为了后续讨论方便，我们梳理一下记号的意义. 从现在开始 $|\Phi_0\rangle$ 左边两
个比特代表爱丽丝的两个光子状态，而右边的一个比特代表鲍勃的光子状态.
例如，$|101\rangle$ 表示爱丽丝最初的那个光子处于态 $|1\rangle$，纠缠光子处于态 $|0\rangle$，而
鲍勃的光子处于 $|1\rangle$.

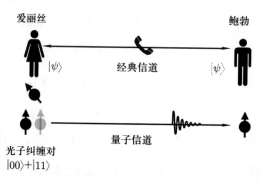

图 10.2　量子隐形传态. 借助一对纠缠光子，爱丽丝可以将她拥有的一个量子态 $|\psi\rangle$
传给远处的鲍勃. 在这个过程中，爱丽丝需要通过电话等经典信息传递方式把自己的
测量结果告诉鲍勃

接下来爱丽丝对自己的两个光子进行一个 CNOT 门操作，第一个光子是
控制比特，第二光子是目标比特. 这样 CNOT 门后，这三个光子的状态变成

$$|\Phi_1\rangle = \frac{1}{\sqrt{2}}\Big\{\alpha(|000\rangle + |011\rangle) + \beta(|110\rangle + |101\rangle)\Big\}. \tag{10.3}$$

然后爱丽丝对第一个光子进行哈达玛门操作，得到

$$|\Phi_2\rangle = \frac{1}{2}\Big\{\alpha(|0\rangle + |1\rangle) \otimes (|00\rangle + |11\rangle) + \beta(|0\rangle - |1\rangle) \otimes (|10\rangle + |01\rangle)\Big\}. \tag{10.4}$$

这里总共有八项, 我们将爱丽丝的两个比特和鲍勃的比特分开, 重新安排一下这些项:

$$
\begin{aligned}
|\varPhi_2\rangle = \frac{1}{2}\Big\{ &|00\rangle \otimes (\alpha|0\rangle + \beta|1\rangle) + |01\rangle \otimes (\alpha|1\rangle + \beta|0\rangle) \\
+ &|10\rangle \otimes (\alpha|0\rangle - \beta|1\rangle) + |11\rangle \otimes (\alpha|1\rangle - \beta|0\rangle)\Big\}.
\end{aligned} \tag{10.5}
$$

最后爱丽丝对自己的两个光子进行测量, 并把测量结果通过电话等经典信道告诉鲍勃:

(1) 如果测量结果是 $|00\rangle$, 鲍勃的光子正好处于 $|\phi_B\rangle = \alpha|0\rangle + \beta|1\rangle = |\psi\rangle$;

(2) 如果测量结果是 $|01\rangle$, 鲍勃的光子处于态 $|\phi_B\rangle = \alpha|1\rangle + \beta|0\rangle$, 鲍勃作用 X 门后得到 $|\psi\rangle$;

(3) 如果测量结果是 $|10\rangle$, 鲍勃的光子处于态 $|\phi_B\rangle = \alpha|0\rangle - \beta|1\rangle$, 鲍勃作用 Z 门后得到 $|\psi\rangle$;

(4) 如果测量结果是 $|11\rangle$, 鲍勃的光子处于态 $|\phi_B\rangle = \alpha|1\rangle - \beta|0\rangle$, 鲍勃作用 Z 门和 X 门后得到 $|\psi\rangle$.

无论哪种测量结果, 鲍勃都可以顺利将自己的光子制备到爱丽丝最初的光子态 $|\psi\rangle$.

总结一下量子隐形传态. 首先, 传递的是光子的量子态 $|\psi\rangle$, 而不是承载这个态的光子本身. 其次, 在整个过程中, 爱丽丝和鲍勃利用经典信道和量子信道各进行了一次通信, 两者缺一不可. 再者, 由于爱丽丝和鲍勃要通过具体的信道来传递光子和交流测量结果, 量子隐形传态的速度不会超越光速. 这也从一个侧面告诉我们, 尽管量子纠缠是超距的, 但利用它进行的通信不可能超越光速.

量子隐形传态的理论方案最早由六位美国和欧洲的物理学家在 1993 年提出. 奥地利的一个实验组在 1997 年首次在实验上将其实现. 后来世界各国的

实验室不断延长量子隐形传态的距离. 现在地面量子隐形传态的最长距离已经超过了 400 km. 中国第一个实现了卫星到地面的量子隐形传态.

迄今已经介绍了三种传送量子态的办法: 纯经典法、纯量子法和量子隐形传态. 纯经典法只用了经典信道而后两种方法都使用了量子信道, 所以纯经典法不但是最稳定的, 而且其稳定性远远超过其他两种方法. 事物总是一分为二. 量子信道虽然降低了通信的稳定性, 但同时也有有利的一面: 它可以增加通信的隐秘性. 我们下面就介绍量子信道是如何给通信提供隐秘保护的.

假设一个叫伊娃 (Eve) 的人试图窃听爱丽丝和鲍勃间的量子通信, 即在爱丽丝和鲍勃不知情的情况下获取他们之间交换的量子信息. 我们马上会看到, 这是一件不可能完成的任务. 如果爱丽丝和鲍勃间的通信是经典的, 一比特信息由上百万个光子携带, 伊娃只需截获其中的一小部分即可获取信息, 同时不引起爱丽丝和鲍勃的注意. 但是在量子通信里, 一比特信息只由一个光子携带, 伊娃为了完成窃听, 必须截获量子信道里那个携带量子信息 $|\psi\rangle$ 的光子. 为了不让爱丽丝和鲍勃发觉, 伊娃最好将 $|\psi\rangle$ 复制到另外一个光子上, 然后重新把原来那个光子放回量子信道. 但是根据量子不可克隆定理, 这是不可能的. 伊娃没有选择, 只能进行测量. 伊娃测量后, 光子会和测量仪器纠缠, 光子状态 $|\psi\rangle$ 会被彻底改变, 变成某个可观测量的本征态, 无法恢复. 这样的结果非常糟糕: 一方面, 光子状态已经改变, 很容易引起爱丽丝和鲍勃间的注意; 另一方面, 伊娃只获得了非常有限的关于 $|\psi\rangle$ 的信息. 伊娃既没有做到 "窃" 也没有完成 "听". 如果爱丽丝和鲍勃间进行的是量子隐形传态, 伊娃的窃听会更加难以完成. 首先还是无法克隆; 其次, 伊娃在量子信道截获的是纠缠光子, 它根本不含有关于光子态 $|\psi\rangle$ 的任何信息, 伊娃因此更不可能获得任何 $|\psi\rangle$ 的信息. 最后我们要指出, 在量子隐形传态中, 由于携带信息的光子根本就不在量子信道传播, 我们可以通过多发几对纠缠光子来提高稳定性.

根据上面的分析，表 10.2 系统比较了三种传送量子态的方法：纯经典法、纯量子法和量子隐形传态.

表 10.2　量子态传送方法

方法	纯经典	纯量子	量子隐形传态
是否需要知道量子态	是	否	否
是否需要经典信道	是	否	是
是否需要量子信道	否	是	是
隐秘性	低	高	高
稳定性	高	低	中

10.3　经典加密

为了打电话不被别人听到，我们会找个隔音好的无人房间，或者使用自己的家乡话. 为了自己的电子邮件不容易被人偷看，你可以设置一个较长而难记的密码. 这些简单的技巧基本能满足我们日常生活中保密和隐私的需求. 但是作为一个专业间谍，这些技巧就基本没有任何用处. 反间谍机关可以轻而易举地窃听你的电话，拿着搜查证到服务商那里强行查看你的电子邮件. 间谍为了保证通信的保密，都会对信息进行系统加密. "系统" 这两个字很重要. 如果间谍在执行任务期间不需要和总部通信，只需要在执行任务后告诉总部成功与否，那么他只需要约定一个简单的暗号. 这种情况下，对方只能利用自己安插的间谍或类似的方法来窃取暗号. 但绝大多数情况下，间谍需要长期和总部联系，汇报情报和各种不可预知的情况. 这时，间谍只能利用系统的加密手段来加密自己的报告，然后再传送回总部. 既然是系统地加密，那么就有规律可循. 这时反间谍机关可以雇用很多聪明的解码专家，通过分析你的通信来发现这些规律，从而破解你的密码. 举一个简单的例子，如果你用英文通信，一个简单的加密方法是把 a 换成 b，b 换成 c，c 换成 d，以此类推. 反间谍机构在截获你的通信后，可以分析其中每个字母出现的频率，很快他们发现 b 出现的频率和新闻报纸中 a 出现的频率接近，c 出现的频率和新闻报纸中 b 出现的频率接近，等等. 你的密码就这样被破解了. 信息加密技术现在已经不再局限于间谍、军事，在我们的日常生活中也随处可见. 每当你在网上购物时，你的账户和购买信息就会被加密后再传给商家.

经过长期研究后，人们发现维南加密法是最安全的. 这是维南（Gilbert Sandford Vernam, 1890—1960）在 1917 年发明的，我们简单介绍一下. 爱丽丝和鲍勃要进行加密通信，决定使用维南加密法. 他们事先共同制定一套密码，各自保留一份. 现在爱丽丝要给鲍勃发一段信息. 这段信息的头一个单词是 "quantum". 为了加密，爱丽丝先将这个单词转换成大家熟知的 ASCII 码 $\{113, 117, 97, 110, 116, 117, 109\}$，再将这些数字分别减去她密码表中的头 7 个数字 $\{014, 013, 000, 031, 000, 012, 010\}$，得到一串新数字 $\{099, 104, 097, 079, 116, 105, 099\}$，最后利用公共通信渠道将这些数字发给鲍勃. 鲍勃得到这些数字后，会将这些数字和手中密码本上的头 7 个数字相加，然后通过参考 ASCII 码将它们恢复成字母. 整个过程可以参见表 10.3.

表 10.3　维南加密法

信息	字母	q	u	a	n	t	u	m
	ASCII	113	117	97	110	116	117	109
密码		014	013	000	031	000	012	010
加密信息	字母	c	h	a	O	t	i	c
	ASCII	099	104	097	079	116	105	099

如果伊娃在窃听，她会得到数字串 $\{099, 104, 097, 079, 116, 105, 099\}$. 按照 ASCII 码，这些数字对应字母 "chaOtic". 伊娃当然知道这不是爱丽丝的真正信息，那个大写的 "O" 似乎是爱丽丝在挑战她："欢迎破解我的密码！" 为了弄清楚这些数字的意义，伊娃会尝试各种方法. 由于爱丽丝和鲍勃在用维南

加密法，每一句话都会换一段新密码，伊娃是不可能成功的，她除了幸运猜中密码外没有任何其他方法可以破解维南加密法. 对于我们这个例子，伊娃猜中的概率是 10^{-21}. 如果你有一粒特殊的做了记号的沙子，不小心把它丢在了一个一千米长的沙滩上，你找回这个沙子的概率比伊娃猜中密码的概率至少要高一千万倍.

维南加密法以及其他类似加密法在军事、间谍等方面有很广泛的应用，但在商业上却几乎没有任何价值. 假设信用卡公司利用维南加密法为客户的信用卡信息加密，这会要求信用卡公司给每个客户提供一套不同的密码，由于每个客户需要大量使用信用卡，这套密码必须非常长，同时每个客户会被要求严密稳妥地保管好这些密码. 对于没有经过严格间谍和军事训练的普通客户，这是无法完成的任务.

现在商业上用的加密系统叫公开密钥加密系统. 它的工作原理是这样：信用卡公司产生一对密钥——公钥和私钥. 公司保留私钥，而把公钥给所有的客户. 客户利用公钥对自己的信用卡信息加密并通过公共网络传给信用卡公司，公司利用自己的私钥对客户信息进行解码，获得信用卡使用信息. 由于公钥是公开的，所有人（包括犯罪分子）都可以获得，这就要求利用公钥的加密过程可逆性很差，这样没有私钥的人很难解密. RSA 就是这样的一个公开密钥加密系统，并被广泛使用，它是以发明者李维斯特（Ron Rivest）、沙米尔（Adi Shamir）和阿德曼（Leonard Adleman）命名的. RSA 的基本思想是利用两个非常大的质数产生一对密钥，公钥 (N, e) 和私钥 (N, d)，其中 N 是两个质数的乘积，d 和 e 也都是利用这两个质数按照公开的方式产生的. RSA 非常有效的原因是人们很难利用 N 或者 e 反推出这两个大质数. 这个公开密钥加密系统只要求信用卡公司严密保护两个质数和私钥 d. 信用卡公司甚至可以在产生密钥后销毁这两个质数，只保留私钥 d. 我们看到，这个密码系统不要求客户严密稳妥地保护密码. 个体客户甚至都不需要记住这个公钥, 使用这些信用卡的商户也知道这些公钥, 它们会帮助客户记住这个公钥.

下面我们看看量子通信能不能在加密技术上帮忙.

10.4　量 子 加 密

前面在介绍量子隐形传态时, 我们已经注意到量子信道能对信息提供天然的隐秘性保护. 20 世纪 80 年代, 在早期威斯纳 (Stephen J. Wiesner) 工作的启发下, 本内特 (Charles Henry Bennett) 和布拉萨得 (Gilles Brassard) 首次提出了一个可行的利用量子力学产生密码的方案, 这个方案现在被叫作 BB84. 后来人们提出了更多的类似的方案. 虽然这些方案的细节有很多区别, 但基本原则和步骤都一样: 爱丽丝和鲍勃在经典信道的辅助下利用量子信道产生维南密码. 一旦密码产生, 爱丽丝和鲍勃之间的通信就是前面介绍的维南加密通信: (1) 爱丽丝利用这些密码对信息加密; (2) 在经典信道里把加密的信息传给鲍勃; (3) 鲍勃利用密码对信息进行解密. 量子通信中的 "量子" 指的就是利用量子力学产生密码. 一旦密码产生, 所有的通信都是经典的.

现在介绍 BB84 方案. 在这个方案里, 爱丽丝利用量子隐形传态向鲍勃传递一系列光子偏振态, 并且公开宣布这些偏振态只有如下四种:

$$|\varphi_{00}\rangle = |0\rangle, \tag{10.6}$$

$$|\varphi_{10}\rangle = |1\rangle, \tag{10.7}$$

$$|\varphi_{01}\rangle = |0_x\rangle = (|0\rangle + |1\rangle)/\sqrt{2}, \tag{10.8}$$

$$|\varphi_{11}\rangle = |1_x\rangle = (|0\rangle - |1\rangle)/\sqrt{2}, \tag{10.9}$$

但每次究竟传送了哪个偏振态是随机和保密的. 鲍勃接收了这些偏振态以后会对它们随机地用两种方式 M_z 或 M_x 测量 (见第 10.1 节), 并通过公共经典信道和爱丽丝比较讨论, 最后留下一系列好的比特作为密码. 注意上式中偏振态的下标, 这种二进制标记方式是理解下面 BB84 方案第 4 步的关键.

我们下面演示一下 BB84 方案的具体操作细节, 利用它产生一段很短的二进制密码:

（1）爱丽丝随机产生两个 9 位的二进制数 a 和 b, 其中 a 永远保密而 b 暂时保密. 我们用 $a_1, a_2, \cdots, a_9$ 和 $b_1, b_2, \cdots, b_9$ 分别表示这两个数字 a 和 b 各个数位上的数字. 例如在表 10.4 中, $a_2 = 0$, $b_7 = 1$.

（2）利用量子隐形传态, 爱丽丝根据每对数字 $\{a_k, b_k\}$ 向鲍勃发送一系列偏振态 $|\varphi_{a_k b_k}\rangle$. 在表 10.4 中, $a_1 = 1$, $b_1 = 0$, 所以爱丽丝传给鲍勃的第一个偏振态就是 $|\varphi_{10}\rangle = |1\rangle$. 以此类推, 爱丽丝按照这个表格依次向鲍勃发送 9 个偏振态.

（3）鲍勃随机产生一个 9 位的二进制数 b', 并按 b'_k 依次对光子偏振态进行测量, 如果 $b'_k = 0$, 进行 M_z 测量, 如果 $b'_k = 1$, 进行 M_x 测量. 在表 10.4 中 $b'_1 = 1$, 鲍勃对第一个光子进行 M_x 测量; $b'_2 = 0$, 鲍勃对第二个光子进行 M_z 测量, 以此类推. 鲍勃根据表 10.1 依次记录下测量结果, 这些结果组成另一个 9 位的二进制数 a'.

表 10.4　BB84 量子密钥分配方案

a	1	**0**	1	**1**	1	**0**	0	**0**	1
b	0	0*	1	0*	0	1*	1	0*	1
偏振态	$\|\varphi_{10}\rangle$	$\|\varphi_{00}\rangle$	$\|\varphi_{11}\rangle$	$\|\varphi_{10}\rangle$	$\|\varphi_{10}\rangle$	$\|\varphi_{01}\rangle$	$\|\varphi_{01}\rangle$	$\|\varphi_{00}\rangle$	$\|\varphi_{11}\rangle$
b'	1	0*	0	0*	1	1*	0	0*	0
测量	M_x	M_z	M_z	M_z	M_x	M_x	M_z	M_z	M_z
a'	1	**0**	0	**1**	0	**0**	0	**0**	1

* 标出了 $b_k = b'_k$ 的情况, 相应的 a_k 和 a'_k 用粗体标出.

（4）爱丽丝公布 b, 鲍勃将其和 b' 逐位比较, 如果 $b_k = b'_k$, 则保留 a'_k;

如果 $b_k \neq b'_k$，则放弃 a'_k. 鲍勃通过公开经典信道告诉爱丽丝在哪些位数 k 上 $b_k = b'_k$. 爱丽丝保留相应的 a_k. 保留下来的 a_k 或 a'_k 就是密码. 对于表 10.4 中的情况，保留下来的 a_k 和 a'_k 是同一个 4 位二进制数 0100.

我们来分析一下最后一步. 由于 (10.6)~(10.9) 式中对四个偏振态的巧妙编号，当 $b_k = b'_k$ 时，测量结果是确定的，而且测量结果 a'_k 一定和 a_k 一样. 举个例子，在表 10.4 中 $b_6 = b'_6 = 1$，鲍勃进行 M_x 测量，由于被测偏振态是 $|\varphi_{01}\rangle = |0_x\rangle$，测量结果 100% 是 0（见表 10.1），即 $a'_6 = 0$，和 $a_6 = 0$ 一致. 当 $b_k \neq b'_k$ 时，只有 50% 可能有 $a_k = a'_k$. 所以非常神奇地，在对 a 完全不知情的情况下，鲍勃通过和爱丽丝的量子和经典通信，利用量子测量部分了解了 a.

上面介绍 BB84 量子密钥方案时，我们假设 a,b 只有 9 位数，最后得到了一个 4 位数的密码. 显然，a,b 可以是任意正整数. 一般情况下，如果你想得到一个 n 位的二进制密码，a,b 会被选成具有 $4n + \delta$ 位的二进制数，δ 比较大，根据具体情况来确定. 为什么要选 $4n + \delta$ 位呢？这是为了安全和抗干扰. 在爱丽丝利用量子隐形传态向鲍勃传递光子态时，量子信道里的噪声或伊娃的窃听会影响纠缠光子对，部分破坏或完全破坏光子对间的纠缠，这样鲍勃得到的光偏振态就会和爱丽丝的不同. 后果是，即使 $b_k = b'_k$，可能也没有 $a_k = a'_k$. 为了了解噪声和伊娃的窃听到底造成了多大损害，爱丽丝和鲍勃会从保留下来的大约 $2n$ 个 a_k 或 a'_k 中再随机选出 n 个，在公共经典信道中比较，如果符合率很高，就保留没有公开的 a_k 或 a'_k；如果符合率很差，就完全放弃重新开始.

从上面的介绍可以看出，量子密钥分配对商业界广泛使用的 RSA 密钥协议没有任何影响，它只是在产生和分配维南加密法中的密码. 量子密钥分配的优势是，它可以让相距很远的密码的使用者不用实际接触就能随时产生所需的密码.

10.5　未来的量子技术

在第一章中，我们将量子技术归为两类：隐性量子技术和显性量子技术. 隐性量子技术实现的功能原则上可以用经典技术实现；显性量子技术实现的功能原则上无法用经典技术实现. 芯片技术是典型的隐性量子技术；量子计算机是典型的显性量子技术. 这两类技术不是竞争关系，而是相互补充、相互促进. 现代经典计算机和经典通信都依赖很多隐性量子技术，它们会继续发展，永远也不会被量子计算机和量子通信取代. 中国人常说以史为鉴. 为了展望未来，我们最好回顾历史，希望能从历史的外推中瞥见未来的进程.

让我们通过几个例子回顾一下已经发展成熟的量子技术. 先看看半导体技术. 人们很早就注意到了金属会导电，而以金刚石为代表的各类宝石则不会导电. 物理学家发现只有利用量子力学才能成功地解释这些材料的导电性质. 前面介绍了氢原子中电子的能级是分立的，即能级间存在"间隙". 其他原子具有类似的分立能级. 当把这些原子放在一起组成晶体时，这些分立的能级都会变宽成能带以至于有些"间隙"会消失，但有些"间隙"非常顽强地存活了下来，被称为晶体材料中的能隙. 由于电子是费米子，每条能带能填充的电子数是有限的. 晶体里的电子会从最低的能带开始填，直到没有电子可填. 对于金属等导体，能量最高的电子正好在某个能带的中间，这种情况下电子可以很轻易地参与导电. 绝缘体里的电子则会正好填满某个能隙以下所有的能带，这时电子必须获得足够的能量，克服这个能隙才能参与导电（见图 10.3）. 物理学家进而发现有一类材料介于导体和绝缘体之间，它们虽然也有能隙，但是能隙比较小，这就是半导体. 通过各种手段，人们可以轻易地调节半导体的导电性能，让它在导电和不导电间快速切换. 利用半导体的这个独特的性质，物理学家在 1947 年发明了晶体管. 现代芯片技术就是从这里开始的.

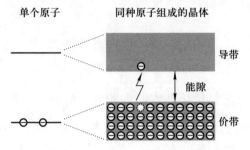

图 10.3　绝缘体/半导体能带示意图. 单个原子具有分立的能级，它们组成晶体时，相应的能级会变宽成为能带. 能带分为两种：如果其中的电子参与导电，这种能带叫导带；如果其中的电子不参与导电，这种能带叫价带. 半导体的能隙不超过 3 eV

核磁共振成像技术的物理基础是磁场中自旋和光（或电磁波）相互作用形成的量子共振现象. 这个技术现在广泛应用于医学诊断. 因为人体中有大量的水和脂肪，它们都含有氢原子，所以医学诊断用的是氢原子的原子核——质子的自旋. 当自旋处于一个磁场中时，它沿磁场方向的两个自旋分量具有不同的量子能级 $E_+ = \mu_{\mathrm{b}} B$ 和 $E_- = -\mu_{\mathrm{b}} B$，其中 μ_{b} 是自旋的磁矩，B 是磁场强度（见第 6.4 节）. 自旋可以吸收光子，从能级为 E_- 的方向翻转为能级为 E_+ 的方向；处于能级 E_+ 时，自旋则会发射光子，翻转方向回到能级 E_-. 吸收和发射的光子频率都是 $\nu = (E_+ - E_-)/h$. 这就是核磁共振成像技术的物理基础. 质子自旋的磁矩很小，所以诊断时人体必须处于一个很强的磁场中，这时吸收和发射的光子频率 ν 正好对应普通的无线电波，一个技术非常成熟的波段. 诊断时，仪器会用电磁波改变核自旋方向，核自旋被激发后又会释放电磁波，被附近的小天线接收. 为了区别电磁波信号的位置，磁场不是均匀的，即 B 会随空间变化，这样不同位置核自旋放出的电磁波频率 ν 就不一样. 天线可以从频率来确定核自旋的位置. 核自旋周围的物质会影响它释放的电磁波，导致信号弛豫（relaxation），而且不同的环境物质导致的弛豫不同. 核磁共振成像技术就是利用不同的生物组织对信号弛豫的影响不同来获得它们的图像.

上面的两个例子利用了非常不同的量子效应，但是它们都是单粒子的量子效应，不依赖量子态的相干性. 物理学家通过求解薛定谔方程知道，处于晶格中的单个电子具有能带结构和能隙. 虽然半导体材料中有很多电子，电子间有相互作用，会一定程度上影响电子的量子态（或波函数），但是电子间的相互作用不会改变材料的能带结构，对材料功能的影响非常有限. 半导体材料中的缺陷和杂质也会影响电子的波函数，但只要量很小，影响也是有限的. 另外，半导体材料的功能只和电子在能带中的填充情况有关，和电子波函数的相干性没有任何关系. 在核磁共振成像技术的应用中，核自旋间的相互作用很弱，可以忽略，所以也只需要操控单自旋的量子态. 单自旋在电磁波激发下的共振原则上是一个相干的量子现象，但是核自旋周围的物质会影响这个相干性，导致退相干，这就是前面提到的弛豫现象. 核磁共振成像技术正是巧妙利用退相干来形成人体组织的图像.

当前所有成熟的隐性量子技术都是基于单粒子的量子效应，可以说这些技术是通过利用和操控单个粒子的波函数（或量子态）来实现的，其中绝大多数的技术完全不在意这些单粒子量子态的相干性. 激光技术是人类迄今为止最成熟的基于单粒子波函数相干性的量子技术. 虽然一束激光里有很多光子，但光子间没有任何纠缠. 激光束中的光子都具有相同的单光子波函数. 现代激光技术可以非常精确地调控这些波函数的偏振、形状和相位. 现在世界上最精确的钟就是利用激光的相干性做出来的.

量子信息技术的实现则需要精确地调控多粒子量子态（或波函数），同时保持量子态的相干性. 在前面的介绍中，我们看到量子隐形传态涉及精确调控三个纠缠光子的偏振状态. 所以从历史角度，我们也可以将量子技术分为两类：单粒子量子技术和多粒子量子技术. 单粒子量子技术还有很大的发展空间，将继续前进. 人类踏上多粒子量子技术的征程是不可避免的. 我们已经起步了，正迈向这个技术的终点 —— 量子计算机. 量子计算机代表人类量子技术的至高理想：精确调控多粒子波函数的每一个细节，并让它在希尔伯特空间精确而有序地演化. 实现这个至高理想非常艰难，这可能是人类有史以来碰到的最大技术挑战，难度甚至高于可控核聚变. 我们的征途将是漫长的，但没有任何理由却步，每战胜一个挑战，人类文明就往前一步. 量子计算机的成功将标志着人类文明的一个飞跃.

推 荐 阅 读

对于有兴趣继续了解和探索量子世界的读者，下面是一个推荐书单.

1. 维尔切克（Frank Wilczek）所著的 *A Beautiful Question* (Penguin, 2016). 中译本《美丽之问》由湖南科学技术出版社在 2018 年出版. 这是一本科普书. 结合自己的研究经历，作者概述了整个物理学的发展并阐述了自己对物理探索的整体思考. 你可以直接阅读量子物理那部分. 书尾有一个附录，对各种物理名词做了通俗易懂的解释，可以当工具书用.

2. 萨斯坎德（Leonard Susskind）所著的 *Quantum Mechanics* (Basic Books, 2014). 这本书也只要求读者具备初等的数学和物理知识，和本书类似.

3. 费曼（Richard Feynman）所著的 *The Feynman Lectures on Physics* (Addison-Wesley Publishing Company, 1963)，有中译本. 这是费曼在加州理工给一年级本科生上课的讲义，所以对数学的要求也不高.

4. 狄拉克（Paul Adrien Maurice Dirac）所著的 *The Principles of Quantum Mechanics* (Oxford University Press, 1958)，有中译本. 这是狄拉克写给专业人士的，但是书的开头有很多论述并不涉及高深的数学.

5. 冯·诺伊曼（John von Neumann）所著的 *Mathematical Foundations of Quantum Mechanics* (Princeton University Press, 1955). 在这本书中，冯·诺依曼首次指出量子世界是生活在希尔伯特空间里. 他还详细论述了以波包塌缩为核心的量子测量理论，为以后所有量子力学教科书对量子测量的描述设立了标杆. 这本书是写给专业人士的.

6. 曾谨言所著的《量子力学》. 这是北京大学物理专业学生的教科书, 1990 年由科学出版社出版, 已经再版多次.

索　引